シリーズ：最適化モデリング 1

日本オペレーションズ・リサーチ学会 監修
室田一雄・池上敦子・土谷 隆 編

モデリング
―広い視野を求めて―

赤池弘次・伊理正夫・茨木俊秀・腰塚武志
小島政和・福島雅夫・森戸 晋・逆瀬川浩孝
木村英紀・深谷賢治・鈴木敦夫・藤原祥裕
田村明久・久保幹雄・松井知己 共著

近代科学社

◆ 読者の皆さまへ ◆

平素より，小社の出版物をご愛読くださいまして，まことに有り難うございます．(株)近代科学社は 1959 年の創立以来，微力ながら出版の立場から科学・工学の発展に寄与すべく尽力してきております．それも，ひとえに皆さまの温かいご支援があってのものと存じ，ここに衷心より御礼申し上げます．

なお，小社では，全出版物に対して HCD（人間中心設計）のコンセプトに基づき，そのユーザビリティを追求しております．本書を通じまして何かお気づきの事柄がございましたら，ぜひ以下の「お問合せ先」までご一報くださいますよう，お願いいたします．

お問合せ先：reader@kindaikagaku.co.jp

なお，本書の制作には，以下が各プロセスに関与いたしました：

- 企画：小山　透
- 編集：石井沙知
- 組版：藤原印刷（LaTeX）
- 印刷：藤原印刷
- 製本：藤原印刷
- 資材管理：藤原印刷
- カバー・表紙デザイン：川崎デザイン
- 広報宣伝・営業：冨高琢磨，山口幸治

●本書に記載されている会社名・製品名等は，一般に各社の登録商標または商標です．本文中の©．®．TM 等の表示は省略しています．

- 本書の複製権・翻訳権・譲渡権は株式会社近代科学社が保有します．
- JCOPY 〈(社)出版者著作権管理機構 委託出版物〉
  本書の無断複写は著作権法上での例外を除き禁じられています．複写される場合は，そのつど事前に(社)出版者著作権管理機構（電話 03-3513-6969，FAX 03-3513-6979，e-mail: info@jcopy.or.jp）の許諾を得てください．

刊行にあたって

　日本オペレーションズ・リサーチ学会創立60周年記念事業の一つとして，ここに「シリーズ：最適化モデリング」を刊行する．

　最適化は「モデリング」と「アルゴリズム」と「数理」の三つの要素から構成され，これらは切り離すことができない緊密な関係にある．その精神は，Dantzigの教科書をはじめとする斯界の名著においても繰り返し述べられ，表現されている通りである．

　しかし，最近は，最適化という言葉に対し，アルゴリズムと数理だけを想像する向きも少なくない．本シリーズでは，上に述べた「最適化の原点」に戻ることも含め，最適化とモデリングについて，あらゆる角度から議論して考察する．最適化の思想に基づく様々なモデリングを幅広く対象として扱い，学問としての最適化モデリングの深化を目指す．

　第1巻では，モデリングに関する幅広い視点での議論を紹介し，第2巻以降では，いくつかの研究テーマを対象に，モデリングの視点で，問題や解決方法，そして，それらのベースとなる基本モデルやアルゴリズムに関する知識や話題を紹介する．本シリーズが「問題解決や研究の原点とは」を問いかけることで，読者にとっての新しい視点を見つける一助となれば幸いである．

編集委員
室田一雄・池上敦子・土谷 隆

目次

はじめに （室田一雄・池上敦子・土谷 隆）
 序言 1
 モデルとモデリング 3
 最適化モデリングとアルゴリズム 5
 オペレーションズ・リサーチにおけるモデリング 6
 最適化モデルの数理的側面 7
 モデルの複雑さの問題点 8
 結語 9

1章 モデリングの技：ゴルフスイングの解析を例として
（赤池弘次）
 1.1 「技」とイメージ 11
 1.2 具体例としてのゴルフスイング動作のモデリング 14
 1.3 ゴルフスイング動作の解析 16
 1.4 実用的なスイングの構成 20
 1.5 終わりに 24

2章 AIC と MDL と BIC （赤池弘次）
 2.1 はじめに 25

目次

 2.2 AIC の定義 25
 2.3 AIC の構造 26
 2.4 ベイズモデルについて 28
 2.5 MDL 規準について 29
 2.6 BIC 規準について 31
 2.7 おわりに 33

3章 モデリング（伊理正夫）

 3.1 "モデリング"語用論 35
 3.2 モデルは世界観 36
 3.3 モデルと数学 36
 3.4 モデルとデータ 37
 3.5 何のためのモデルか 37
 3.6 一意的でないモデル 38
 3.7 現実に忠実なモデルとモデルに忠実な現実と ... 39
 3.8 モデルの誤用 39
 3.9 モデルの適切さ 41
 3.10 システムのモデル 43

4章 「問題解決エンジン」群とモデリング（茨木俊秀）

 4.1 はじめに 45
 4.2 標準問題のリストとモデリング 46
 4.3 標準問題へのモデリング 48
 4.4 むすび 52

5章 都市空間のモデル化（腰塚武志）

 5.1 はじめに 53
 5.2 線分上の距離分布，通過量分布 53
 5.3 閉曲線上の距離分布，通過量分布 56
 5.4 放射状ネットワークと格子状ネットワークの比較 .. 58

- 5.5 建物内の距離分布 60
- 5.6 おわりに 63

6章 理論家にとっての数理モデル（小島政和）

- 6.1 はじめに 65
- 6.2 人生＝最適化モデル？ 65
- 6.3 君の目的は何ですか？ 67
- 6.4 理論と応用 68
- 6.5 アルゴリズムの提案と実装 69
- 6.6 オリジナリティと評価基準 71
- 6.7 一般化と拡張の功罪 72
- 6.8 おわりに 72

7章 均衡問題の数理モデル（福島雅夫）

- 7.1 はじめに 73
- 7.2 最適化モデリングと数理工学 73
- 7.3 均衡問題の再定式化 ― 数理モデルのパラダイムシフト 74
- 7.4 不確実性を含む均衡問題 ― 新しい数理モデルの構築 79
- 7.5 おわりに 83

8章 モデルが見えるとき（森戸 晋）

- 8.1 はじめに：だまし絵の世界 85
- 8.2 かんばん方式 86
- 8.3 モデル化の視点の多様性 90
- 8.4 似顔絵の世界 91
- 8.5 Joy of Modeling 91
- 8.6 悦びの輪 93

9章 モデルの効用（逆瀬川浩孝）

- 9.1 はじめに 95

目 次

 9.2 モデルと抽象化 95
 9.3 新聞売り子モデルとレベニューマネジメント 97
 9.4 待ち行列モデルとリスクモデル 99
 9.5 モデルの汎用性 102

10章 モデル学は可能か（木村英紀）
 10.1 はじめに 105
 10.2 制御工学とモデル 106
 10.3 モデリングの困難 108
 10.4 モデルの客観性と普遍性 109
 10.5 モデルと要素還元主義 111
 10.6 モデル学は可能か？ 112

11章 「モデル」についての一数学者の雑感（深谷賢治）
 11.1 モデル 115
 11.2 コンピュータ 116
 11.3 モデルによる理解 117
 11.4 現実・人間・論理 119
 11.5 結語 120
 11.6 おわりに 121

12章 手術室のスケジューリング支援システムについて
（鈴木敦夫・藤原祥裕）
 12.1 はじめに 123
 12.2 麻酔科医の勤務について 125
 12.3 麻酔科医の当直シフト作成システムについて 127
 12.4 問題の定式化について 129
 12.5 手術室のスケジューリング 133
 12.6 まとめ 135

13章　マッチングモデル（田村明久）

13.1　はじめに 137
13.2　安定結婚モデル 138
13.3　割当ゲーム 140
13.4　手付に上下限制約をもつモデル 143
13.5　おわりに 146

14章　モデリングのための覚え書き（久保幹雄）

14.1　はじめに 149
14.2　モデルの分類 149
14.3　モデルの評価尺度 150
14.4　モデリングのための十戒 151
14.5　おわりに 156

15章　双対問題の教えてくれるコト（松井知己）

15.1　はじめに 157
15.2　古典的オーヴァーハングパズル 158
15.3　ペグソリティアとパゴダ関数 163
15.4　応用編（分裂物語） 168
15.5　おわりに 173

16章　モデルの複雑さの問題点（伊理正夫）

16.1　はじめに 175
16.2　一つの例 176
16.3　計算複雑度の理論 180
16.4　"複雑さ"以外にも大切なことはある 183

おわりに　　185

著者紹介　　187

はじめに

室田一雄・池上敦子・土谷 隆

序言

　「シリーズ：最適化モデリング」第1巻である本書では，分野の碩学や現在オペレーションズ・リサーチの第一線で活躍している研究者によるモデリングに関する論考を集めた．シリーズの最初にあたって，より広い立場から，モデルとモデリングのもつ正に多面体的な側面を立体的に捉え，様々な立場から論じていただくことで学問としての面白さと魅力を伝えたい，というのが狙いである．本編に先立ち，ここでは各論考を簡単に紹介しつつ，我々の立場と意図を明らかにしながらモデルとモデリングについて考えてみたい．

　モデルやモデリングは，数理科学や工学の重要なキーワードであるが，分かり難いものである．それは，モデルという言葉が分野を越えて様々な意味でそして様々な立場で使われているからである．敢えて最大公約数的な定義をするとすれば，「ある現象のモデルとは，その本質をより普遍的なモデリング言語で表現したものである」といったことになろうか．ここでいう「モデリング言語」の代表的なものは数学であるが，電気回路や機械等でもありうる．いずれの場合もその性質が体系的によく理解されているものである．一方，現象の「本質」とは何か，についてはモデリングする主体の立場によって異なることもある．これは微妙な問題で本書の核心にかかわってくることである．

　それはさておき，我々は現実に合う最適なモデルを求めるという意味で，本シリーズのもう一つのキーワードである「最適化」と「モデリング」は不可分である．そして問題を捉える段階からはじまり，様々なレベルで最適化の考え方やアルゴリズムを活用することを自覚的に意識したモデリングが「最適化モデリング」である．これは単にパラメータを調整する道具として最適化を用いることとは意を異にすることに注意されたい．

はじめに

　本巻あるいはより広く本シリーズの源流となるのは，日本オペレーションズ・リサーチ学会の機関誌『オペレーションズ・リサーチ』において企画された3回の特集「モデリング―最適化モデリング」（2005年4月），「モデリング―広い視野を求めて」（2005年8月），そして「モデリング―さまざまな分野，さまざまな視点から」（2007年4月）である．本巻は，これらの特集を中心にモデリングに関する論考を集めたものである．いくつかの論考については新たに書き下ろしていただいた．再録稿については平仄を合わせるために著者と相談の上最低限の改変が加えられているが，内容的にはほとんど同一のものである．

　目次と重なるが，敢えて本巻の内容を下に掲げる（敬称略）：

1章　モデリングの技：ゴルフスイングの解析を例として（赤池弘次）
2章　AICとMDLとBIC（赤池弘次）
3章　モデリング（伊理正夫）
4章　「問題解決エンジン」群とモデリング（茨木俊秀）
5章　都市空間のモデル化（腰塚武志）
6章　理論家にとっての数理モデル（小島政和）
7章　均衡問題の数理モデル（福島雅夫）
8章　モデルが見えるとき（森戸　晋）
9章　モデルの効用（逆瀬川浩孝）
10章　モデル学は可能か（木村英紀）
11章　「モデル」についての一数学者の雑感（深谷賢治）
12章　手術室のスケジューリング支援システムについて（鈴木敦夫・藤原祥裕）
13章　マッチングモデル（田村明久）
14章　モデリングのための覚え書き（久保幹雄）
15章　双対問題の教えてくれるコト（松井知己）
16章　モデルの複雑さの問題点（伊理正夫）

　大まかに述べると，論考は四つのカテゴリーに分けることができる．

1. モデルとモデリング：1章，2章，3章，10章，11章
2. 最適化モデリングとアルゴリズム：4章，6章，7章，16章

3. オペレーションズ・リサーチにおけるモデリング：5 章, 8 章, 9 章, 12 章, 14 章
4. 最適化モデルの数理的側面：13 章, 15 章

以下若干の考察を交えつつ，このカテゴリーにしたがって各論考を紹介していこう．

モデルとモデリング

簡潔にして現実の本質を抉り出すものが優れたモデルであることはいうまでもない．したがって，モデルと「複雑さ」の概念は切っても切り離せないものである．そして，モデルの複雑さを定量的に測ることに初めて成功し，大きな成果を収めたのが赤池弘次氏による AIC である．赤池氏による二つの論考「モデリングの技：ゴルフスイングの解析を例として」，「AIC と MDL と BIC」は，赤池氏のモデリングに対する考え方，そして，情報量規準 AIC の背後にある哲学を窺わせるものである．

第一の論考「モデリングの技：ゴルフスイングの解析を例として」において，赤池氏は「モデルとはイメージの具体的表現である」として，イメージの捉え方は主観的なものであるが，モデルは，人と人との間で心の通貨としてのイメージの機能を確立するものである，と論じている．そして「モデリングは，感覚的に捉えられたイメージを取捨選択しながら，有効性と客観性の向上を進める作業と見なすことができる」，モデリングの過程においては「「夜も眠らず昼寝して」当面の問題のイメージを追求し続ける」，「一見「がらくた」としか思えないような思いつきでもその有効性を延々と追求しつづけると「セレンディピティ」が働く瞬間が訪れるものである」と自らの経験を語り，次いでゴルフスイング動作のモデリングを具体例として，モデリングの過程を説明している．

翻って「AIC と MDL と BIC」では，情報量規準 AIC の立脚点が，他の後発の規準である BIC や MDL と比較して明確に主張されている．情報量規準の基礎づけについては，未だに多くの議論があるが（たとえば『赤池情報量規準 AIC — モデリング・数理・知識発見 —』（甘利俊一，北川源四郎，下平英寿，樺島祥介 著，室田一雄，土谷隆 編，共立出版 2007 年）を参照），創始者

はじめに

である赤池氏の考えを知ることは，読者にとって有意義であろう．

大胆な比喩になるが，これら2つの論考は互いに「双対」であるようにも思える．赤池氏はモデリングの重要性を常に強調されていた．そしてそのような赤池氏の姿勢は，AIC がその副産物として得られたものであるとさえ思わせる徹底したものであった．

伊理正夫氏の「モデリング」は，文字通り，モデリングの様々な側面について一般的に論じたものである．モデルは模型という以上は，本物ではなく，捨象してその本質を捉えたものであり，捨象が主観的な営みであることを考えると，モデリングは世界観の表明であると喝破している．論考においては，モデリングが抽象化である以上は数学は強力な共通言語であるが，モデリングのための言語が必ずしも数学である必要もなく「難しい数学の問題の物理モデル」もあり得ること，現に，古くから用いられてきている等価回路は「電気回路モデル」のことであること，そして，モデルが現実を説明する客観性を持った時に，逆に，モデルがもつ理想的な状況を実現するような現実を工学的に作り出すことの有用性と意義，などについても述べられている．編者が本論考に初めて触れたのはかなり前になるが，その時は目から鱗が落ちるような気がしたものである．

木村英紀氏の「モデル学は可能か」では，制御工学での経験に基づいて幅広い立場からモデルについて論じている．制御工学では「モデルと現実が実際に合わないと，モノが動かないという，厳しい状況でモデリングが行われている」こと，そして，モデルが複雑になるにつれて，予測できないような結果を出すことがモデルに求められ，その結果，妥当性の検証が困難になること，この背反を克服することがモデルの問題の核心であるとして，学問としてのモデル学の必要性が論じられている．現実の工場では教科書化できない不確定性の中でモデリングが行われていることが述べられ，モデルと現実のギャップ，モデルのもつ宿命的な不確かさを体系的に克服したロバスト最適化の意義が強調されている．さらに，モデルのもつ主観性と客観性の両面，モデルと複雑性の科学との関係などについて考察されている．モデリングの理論の発展と現場での実践に裏打ちされた示唆に満ちた論考である．

これらとはまったく異なる視点からモデルについて論じているのが，数学者

である深谷賢治氏による論考「「モデル」についての一数学者の雑感」である．現実社会におけるモデルでは，モデルがコミュニケーションの道具であるだけに，しばしば暗黙知が仮定されている．これが大前提である．数学が，論理のみを足掛かりとして現実から自立する時には，共通の暗黙知を一旦排除したところから出発する．自然であることと単純であるということは一致しない．

他の論考が外界への働きかけとしてのモデルを論じているのに対し，ここでは，より内的な数的宇宙の探索や深化におけるモデルやモデリングの役割ということが論じられており，意表を突かれる．しかし，赤池氏による「イメージは心の通貨であり，それをより具体化してコミュニケーションの手段としたものがモデルである」というモデル観とは共通のものがあるのではないだろうか．

最適化モデリングとアルゴリズム

さて，モデルは何らかの意味で解けるように構築されるべきである，ということを考えると，モデリングとアルゴリズムの関係は，相対的なものである．より広範囲の問題が効率的に解けることにより，モデリングの世界も広がる．この関係は，最適化を武器としてモデリングを行う最適化モデリングにおいてはより顕著である．

茨木俊秀氏による論考「「問題解決エンジン」群とモデリング」では，いくつかの標準問題を設定し，それらに対して強力な問題解決エンジンを用意し，世の中に数多くある組合せ最適化問題を最適化手法で解決する，という接近法を実例を交えながら紹介している．汎用性と個別性のせめぎあいは，本書で形を変えながら繰り返し論じられる論点である．

小島政和氏による「理論家にとっての数理モデル」では，不動点アルゴリズムから線形計画問題や半正定値計画問題に対する内点法，そして半正定値計画法ソフトウェア SDPA の開発へと展開してきた自身の研究を辿りながら，最適化の研究の意義，モデリング・数理・アルゴリズムのかかわりや研究者としての生き方などについて論じている．

福島雅夫氏による「均衡問題の数理モデル」では，個別分野で活用可能な基本的な数理モデルの品揃えをし，数理的解析とアルゴリズムを開発する，とい

はじめに

う立場から，均衡問題や変分不等式，再定式化法，不確実性を含む均衡問題への，自身の研究の展開が振り返られている．

小島氏，福島氏共に，数理やアルゴリズムの研究の立場からは，基本的な最適化モデルに取り組むことが重要であることを強調されており，モデリングとのかかわりあいの中で最適化の数理やアルゴリズムの研究を考える上で興味深い．茨木氏の論考は，最適化アルゴリズムの研究に携わってきた立場の上に実問題とのかかわりを追求された経験の上に書かれたもので貴重である．

オペレーションズ・リサーチにおけるモデリング

以下に紹介する論考では，より具体的な文脈でモデリングについて論じている．これらの論考を通じて，オペレーションズ・リサーチという学問とモデルとのかかわりあい，オペレーションズ・リサーチにおけるモデリングの雰囲気がよく分かるのではないだろうか．

オペレーションズ・リサーチはいろいろなモデルを道具として用いるが，最適化モデルと並んで基本的でモデル自身がよく研究されているものは，待ち行列モデルや確率モデルであろう．待ち行列モデルや確率モデルを通じてモデリングについて論じているのが，逆瀬川浩孝氏，森戸晋氏である．

逆瀬川氏の「モデルの効用」では，「抽象性」と「汎用性」がいろいろなモデルのキーワードであり、「モデルは問題を捕まえる網のようなもので，問題の「海」に網を打って捕まえる」ことにより「とんでもないモノが引っかかってくる可能性がないわけではない」として，新聞売り子モデルや保険金準備モデル等を例にして，確率モデルの有効性とモデリングについて論じている．

森戸氏の「モデルが見えるとき」では，「だまし絵」と「かんばん方式」を題材として，モデリングの面白さについて論じている．そして，かんばん方式は有限バッファ直列待ち行列システムと同定することができ，似顔絵がデフォルメすることで本質を抉り出すことと同様に，トヨタシステムが割り切って見方を徹底した良い例である，としている．これは，伊理氏がモデリングについて述べている，「現実に忠実なモデルとモデルに忠実な現実と」という論点に繋がっていくものであるかもしれない．

逆瀬川，森戸両氏の論考にあるように，ある場面で有効なモデルがまったく別の場面で使えること，いわゆる見立てができることが，モデリングの一つの楽しみである．また意外性が大きいほど発見は嬉しいものである．モデルは横断型であることが重要であるが，いろいろなことに活用可能なモデルは縦方向にも深さをもっている．活用分野の広さと深さをもつモデルの究極が「純粋数学」なのかもしれない．

腰塚武志氏の「都市空間のモデル化」では，都市や建造物のモデルを立てて，2点の距離と通過量の分布を解析している．オペレーションズ・リサーチ的な示唆に富んだ解析として興味深い．まさに，現象の本質を簡潔なモデルで抉り出す観がある．このようなモデルをどのように定量的に現実に合わせていくか，ということは，21世紀のモデリングに課された重要な課題であろう．

鈴木敦夫氏・藤原祥裕氏による「手術室のスケジューリング支援システムについて」では，近年実用化に向けての進展が著しい整数計画法によって，手術室のスケジューリングを行うモデルを示している．実際に運用可能なレベルでの整数計画モデルがどのようなものであるかを知る具体例として，興味深いものである．

久保幹雄氏の「モデリングのための覚え書き」では，サプライ・チェイン最適化というオペレーションズ・リサーチの重要な活用分野で，実務家と共同研究を行った経験から，モデリングにおいて心しておくべき論点について，箇条書きにして論じられている．コツとして挙げられている「簡単化しすぎず，ほどほどに複雑に」というのはモデリングの永遠の課題であるようにも思える．実務経験豊富な久保氏による説得力のある論考である．理論家やアルゴリズムの研究者が実際問題に取り組む上では頼りになるのではないだろうか．

最適化モデルの数理的側面

線形計画問題は最適化の根本に位置する問題であり，線形計画問題の双対定理に象徴される双対性は，最適化のいたるところに形を変えて現れる．それらは，最適化を特徴づける思想や哲学である，とすら思える．線形計画問題や双対性を用いたモデリングや解法，解析は「最適化分野の華である」といえよう．

はじめに

　松井知己氏の「双対問題が教えてくれるコト」は，ゲームやパズルという，一見最適化とは関係なさそうな，そして楽しそうな題材を通じて，双対性の考え方や活用法の肝を論じている．ある枠組みであることが起こり得ないことを示すには，それに双対な枠組みで一つの可能な例が存在することを示せば良い．双対性の魔術の核心を分かりやすく説明する，楽しい論考である．

　田村明久氏の「マッチングモデル」では，安定結婚モデルや割り当てゲームモデルという，オペレーションズ・リサーチ（最適化），計算機科学，経済学それぞれにおいて基本的役割を果たしているモデルについて論じている．線形計画問題とも関係が深く，また，臨床研修医の割り当て問題などにも実際に用いられている，有用な最適化モデルの入門的概説となっている．

モデルの複雑さの問題点

　最後の論考は伊理氏による「モデルの複雑さの問題点」である．この論考は，計算複雑度の分野が勃興し確立した1980年代初頭に，モデリングとモデルを解く手間の関係について論じたものである．モデリングの立場からは「解く手間を考えずにモデリングすること」への，計算複雑度の立場からは「必要な問題を解く工学的立場を忘れてひたすら実用的ではないが効率的なアルゴリズムの開発に取り組む陥穽に陥ること」への戒めであるという風に読むこともできる．良くも悪しくも，計算複雑度自身が一つのモデルであることを忘れてはならないであろう．

　1970年代から1980年代は，AICに代表される統計モデルの複雑度，$P \neq NP$予想に代表される計算複雑度についての数理が大きく発展した時代であった．計算機・ネットワーク・センサ技術が当時とは比べ物にならないほど発達し，その結果，「ビッグデータ」という言葉に代表されるように膨大なデータが蓄積され，データとモデルと計算の関係も本質的に変わりつつある現在，統計モデルの複雑度と計算複雑度が融合したような，新しい複雑度の概念が構築され，さらなる革命的飛躍が起こることを夢見ることはできるであろうか？このようなことも気に留めながらお読みいただければと思う．

結語

 以上,駆け足で本書の内容を紹介した.素晴しい執筆陣を得て,本書は「モデリング」をキーワードとした他に類のない,特色のあるものになったと自負している.最適化やオペレーションズ・リサーチ関係者のみならず,数理科学に携わる多くの読者の目に触れ,末永く読み継がれていくことを期待したい.

1章

モデリングの技：ゴルフスイングの解析を例として

赤池弘次

1.1 「技」とイメージ

1.1.1 モデルとイメージの関係

　モデリングの議論を進めるには，まずモデルとは何かを明らかにする必要がある．これについては，「モデルはイメージの具体的表現である」というのが，筆者の見方である．

　この見方に従えば，まずイメージとは何かが問題になる．我々は，ある物事あるいは問題に遭遇すると，これについて何らかのイメージが自然に心の中に発生したり，あるいは意識的にイメージを作り上げたりして，これに基づいて自分の行動を選択し決定する．この事実から見れば，イメージとは，当面の対象に関する知識や経験に基づき，心の中で対象を表現するもの，ということになる．

　心と言うと，主観的で捉え難いもののように聞こえるが，イメージの構成は人間の主要な生理的な活動で，これがなくては人間らしく生きることができない．脳の活動の生理学的な側面からの研究で著名な神経学者 Antonio R. Damasio の言葉を借りれば，「イメージは我々の心の通貨」として，知的活動を支えているのである [2]．

　ここで重要な点は，我々の心（複数）の通貨 (the currency of our minds) という表現で，異なる人の間で共通に利用され役に立つということである．これは，イメージの捉え方はそれぞれの人に依存する主観的なものであるが，イメージが伝えるものは誰でも利用可能であるという，イメージの間主観性 (intersubjectivity) を示している．

---

* 本稿の原記事は，『オペレーションズ・リサーチ』（2005 年 8 月号）に掲載された．

1章 モデリングの技：ゴルフスイングの解析を例として

　当面の対象についてのイメージがなくては，新しいモデルの構築は不可能である．既存のモデルを機械的に利用する場合にも，適用結果の解釈には対象とする問題の全体像としてのイメージが要求される．特定の問題あるいは対象についても，無限に多くのイメージが可能である．結局，ある対象に働きかける目的意識とイメージを構成する素材とが心の中になくては，イメージを固めることはできない．

　モデルとイメージの間の大きな違いは，モデルの形を取ったイメージは誰にも使えるということである．モデルは，人と人との間で，心の通貨としてのイメージの機能を確立するものと言えよう．

1.1.2 モデリングと目的意識

　モデルの構築は，まず対象についてのイメージから出発する．イメージを構成する素材としては，視覚や聴覚などのいわゆる五感や，さらに状況を直感する第六感などとともに，体の動きの感覚（体制感覚）がある．イメージは，これらの素材の利用を通じて構成される．

　イメージの典型である視覚的なイメージについては，「心ここにあらざれば，見れども見えず」のことわざの通り，そこにイメージの原材料があっても，何かを見ようとする目的意識がなくては利用可能なイメージとして捉えられないことが具体的に確認される．

　モデリングを進めるには，まず対象のイメージが必要であるが，視覚の例が示すように，イメージは目的意識がなくては得られない．結局，モデル構築の第一歩は，当面の対象について何を捉えようとするのかという，目的意識の明確化であることが明らかになる．

　このことは至極当たり前のことであるが，モデリングという言葉の与える固定観念に影響されて，無意識の中に既存のモデルの与えるイメージに縛られる危険が日常的に発生する．この意味では，既存のモデルあるいはイメージの生む固定観念を打破することが，モデリングを成功させる第一歩ということになる．

1.1.3 「技」の活躍場面

　視覚や聴覚などの五感や第六感，体の動きの感覚などを利用してイメージを

構成する作業は，言葉による表現以前の場面で行われる．これを上手く遂行するには，言葉では表現しきれない「技」が要求される．名人と呼ばれる職人が，一定の材料から一つのイメージを具体化する作品を生み出す過程は，まさしくこの「技」の典型を示すものである．

イメージの間主観性（「心の通貨」としての特性）についての肝要な点は，イメージは利用場面を適切に制約すれば，客観的な知識と同様にその利用方法がほぼ一意的に決まるという点である．この場合，利用場面の具体的な指定が，モデルあるいはイメージの有効性の決め手となる．

これには，どのような状況でイメージが使われるかについての，知識と経験が要求される．それぞれの適用場面あるいは対象についての深い知識や経験が必要で，ここにも「技」あるいは暗黙知と呼ばれるものの必要性がある．誰にも使えるような形でイメージを捉えるのがこの場合の「技」である．

1.1.4 身体感覚の役割

アインシュタインは数学的発見の心理に関連して，言葉よりは視覚的なものや「筋肉的な」ものによるサイン（記号）やイメージを利用すると言っている [3]．この例や名工の仕事ぶりに具体的に見られるように，体の動きの感覚を鋭敏に捉えることは，モデリングに際して「技」を発揮する上での一つの要件になるものと考えられる．

モデリングは，感覚的に捉えられたイメージを目的意識によって取捨選択しながら，有効性と客観性の向上を進める作業と見なすことができる．この作業を進める段階では，筆者が「情報データ群」(IDS: Informational Data Set) と呼ぶ，当面の対象についての客観的知識，経験的知識，観測データなどのすべてが利用される．イメージは対象についての仮説として捉えられ，その妥当性，有効性が，IDS に照らし合わせて検討され，必要に応じて IDS 自体の拡張が進められる．

このモデリングの過程では，ありとあらゆる思いつきが取り上げられ，その妥当性，有効性が検討される．筆者自身の経験によれば，この段階では「夜も眠らず昼寝して」当面の問題のイメージを追求し続ける．

この間，一見「がらくた」としか見えない思いつきでも，その有効性を追求

1章 モデリングの技：ゴルフスイングの解析を例として

しつづけると，「セレンディピティ」（偶然に幸運な発見をする能力；古代セイロンの王子らのおとぎ話の題名からの造語）が働く瞬間が訪れる．モデリングに成功する時には，程度の差こそあれ，常にこの瞬間を経験するわけである．

1.2 具体例としてのゴルフスイング動作のモデリング

ゴルフのスイング動作とは，ボールを打つための道具であるクラブを振り，ボールを打って目的とする地点に運ぶ動作である．標準的な動きでは，右利きのゴルファーの場合，準備動作としてクラブを右に振り（バックスイング），クラブが上がった所（トップ）から，引き下ろして（ダウンスイング）ボールを左方向に打つ（以下，右利きの場合を想定する）．

クラブは，棒（シャフト）の先端にボールを打つための重量物（ヘッド）を着けたもので，ヘッドの打撃面の傾き（ロフト）によりボールの上がり方が決まる．一つのクラブでは，飛距離は打撃（インパクト）の瞬間のヘッドの速度で決まり，飛球の方向はヘッドの動きの向きで決まる．

標準的な状況では，ヘッドの打撃面を目標方向に向けて保ちながら，打撃時に可能な限りの運動量をヘッドからボールに移すことを目指してスイング動作を実行する．地面の上に静止しているボールを目がけてクラブを振るだけの一見単純な動作であるが，多くのプレイヤーの長い苦闘の歴史が示すように，この動作の効果的な実現には極めて複雑な動きの制御が要求される．

これは文字通りの「技」の世界で，身体的能力の優れたゴルファーは経験の積み重ねで見事な動きを実現するが，筆者等のような普通のゴルファーは，どうすれば良い結果が得られるのかと大いに迷う．そこで求められるのがスイング動作のモデリングである．

1.2.1 スイング動作の目的

ゴルフスイングの標準的な場面では，芝の上に静止するボールを，クラブを振って目標方向に直線的に打つ．ゴルフのプレーでは，最小の打数でボールを目標地点（ホール）まで運ぶことが課題であるから，一つのクラブによるスイングでは，方向性を確保して可能な限り遠くまでボールを運ぶことがスイング

動作の目標になる．これが基本的な目的意識である．本稿ではこの標準的な場面を想定して議論を進めることにする．

1.2.2 ゴルファーによるモデルの利用

体の動きを生み出す骨格や筋群などから構成されるシステムは，構成要素の数の多さと要素間の繋がりの複雑さから，想像を超えるほどの多様な動きを生み出す．このシステムを実時間的に制御して目指す動きを作り出すことは至難の業となる．そこでスイングの大要を捉えるためにモデルが利用される．

まず上手なプレイヤーの動きを外から観察して目指す動きをイメージの形で捉え，これに沿って体の動きを調整する．一歩進めれば，優れたゴルファーの動きを連続写真の形に記録したものをモデルとして利用する．

さらに，ゴルフの教師がしばしば利用するように，良いスイング動作に共通するクラブの動きを観察して幾何学的イメージの形で捉え，これをスイングのモデルとして動きの良し悪しの判断に利用する．

いずれの場合も，本質的なモデル構築の努力は優れたプレイヤーに任せ，ゴルファーはこれを形の上で再現しようとするだけである．

ゴルフスイングの場合に限らず，一つの新しいモデルが開発されると，それを当面の問題に当てはめて処理することが流行する．当てはめが最重要の作業とみなされ，本来のイメージ構築に必要なモデリングの技の役割は無視されてしまうのである．

　　優れたゴルファーの動き　　　　　　平凡なゴルファーの動き

1章 モデリングの技:ゴルフスイングの解析を例として

1.2.3 二重振り子モデル

外から見るスイングの動きのモデルとして典型的なものは,二重振り子モデルと呼ばれる数式モデルである.このモデルでは,クラブを握る手の握り(グリップ)が,スイング・センターと呼ばれる点を中心に円弧状に振られ,クラブはグリップを継ぎ手(ジョイント)としてその回りに円弧状に振られる.

スイング・センターを軸として振り子状に振られる腕に,振り子状に振られるクラブがグリップで繋がるところから,二重振り子モデルと呼ばれるわけである.

このモデルの適用については,英国ゴルフ協会 (The Golf Society of Great Britain) によるゴルフ・スイングの組織的な研究の成果報告 [1] に詳しく論じられている.物理学者による同じモデルの適用例の議論もある [4].

両者とも適当な位置に設定されたカメラによるスイングの高速写真像を基礎のデータとして用いている.前者ではグリップ(手の握り)の動きにモデルの数値的な当てはめが行われ,バックスイング(準備のための振り上げ)とダウンスイング(振り下ろし)に対し,異なる中心を持った円弧による近似が得られている.後者では,スイング・センターに左への加速を加え,ダウンスイングのクラブ・ヘッドの動きに対する近似を実現している.

いずれの例もインパクト直前までのデータへの当てはめに止まっている.スイング動作の目的の一つは打球の方向性の確保で,これには,インパクト付近でヘッドを平坦に近い軌道で安定に走らせる必要がある.このモデルにはこれを実現する仕組みは内在していない.

1.3 ゴルフスイング動作の解析

二重振り子モデルの適用例は,モデリング以前にスイング動作の実態を知る必要があることを示す.有効なモデリングを進めるには,まず対象の実態の慎重な考察と解析が必要である.

1.3.1 言葉による解析

数式のような客観的な素材を利用してイメージを具体化するのが,普通に考

1.3 ゴルフスイング動作の解析

えられるモデリングであるが，ゴルフスイングの場合には，体の動きの構成要素の複雑さのために，直接骨格や筋群の動きを素材としてモデリングを行うことは不可能である．

特に，体のバランスを保って安定に強力なスイング動作を実現するには，そのための神経系の働きが不可欠で，これまで考えると途方に暮れるほどの難しさがある．

実際にゴルファーは考えすぎると動けない．ゴルフ教師として著名であったEarnest Jonesはこの事を指摘し，ひきがえるに，どの足がどの足の先に動くのか，と問われた百足が，考え込んで溝に転げ落ちた，という戯れ歌を引用して考え過ぎを戒めている．

一方，二本脚で立つという動作自体が大変な仕事であるが，これを意識しないゴルファーが多い．筆者はしばしば，「ゴルファーは宇宙空間を遊泳する地球を足でつかんでぶら下がっている」と説明する．これにより，日頃自覚しない脚腰の動きとその効果に対する感度が高まる．言葉による表現が，モデリングの状況を明確化する上で最高の役割を果たす例である．

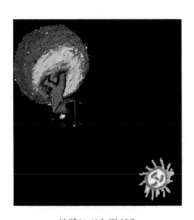

地球にぶら下がる

「地球にぶら下がる」（地球の上で体を脚で支えている）という意識を明確に持つと，ゴルファの動きの作り方に対する意識が変わる．このような表現を見つけるのもモデリングの「技」の一つと言えよう．

1章 モデリングの技：ゴルフスイングの解析を例として

個々の動きが無数の部分的な動きから構成されるために，スイング動作のモデリングには言葉による表現が不可欠になる．言葉による表現が，集団の特性を表現する統計的モデルの役割を果たすわけである．言葉で表現することにより，感覚的なイメージの間主観性が確保され，誰でも利用可能なものになる．

1.3.2 先入観念の妨げ

モデリングの成功を妨げる最大の要因は，先入観念である．筆者は以前，統計的な解析を進めるにはまずデータを見よ，という教えに対抗して，「目玉は信用できない」と指摘したことがある．先入観念があると，色眼鏡でデータを見ることになる．その危険はスイング解析の場合には特に大きい．

ゴルフスイングの場合，クラブは円周状に振られるものという基本的なイメージがある．多くのゴルフの書物を見ても，基本的な動きの表現として「背骨を軸に円周状に振る」，「左右対称に丸く振る」，「体の回転で振る」，などの表現が用いられている．二重振り子モデルの場合にも，クラブ・ヘッドの観測データが示す円周状の動きの再現に関心が集中している．

スイングのモデリングの成功への第一歩は，この先入観念の打破である．そこで，次にこれについての筆者自身の経験を書くことにする．

1.3.3 セレンディピティの発現

筆者自身は，体の動きの基礎的な知識を書物から拾い集め，スイングの動きの作り方についての書物の説明や，自身あるいは友人の経験を参考にし，さらに実際の打球の飛び方を観察してスイングのイメージを固めることを試みてきた．これは典型的な「情報データ群」(IDS) の利用例である．しかし，多年にわたる努力にもかかわらず，決定的なイメージには到達できなかった．

ところが，病気のために閉じこめられたベッドで，奇妙な経験をする．上を向いて左手を右に振り，これを左に振るという動きでは，右に振る時に左肘が体の前に振り出され，次いで左の外側に振り出される．この動きの左手に右手を軽く添えてみると，まず右肘が後ろに引き込まれ次いで引き出される．一言で言えば，左腕は左右，右腕は前後の動きになる．

左手にクラブを握り，大きく右に左にと振れば，この左腕の動きはごく自然に

発生する．これに右手を添えてみると，両腕の動きは確かに左右対称ではない．

　ここから，左手に右手を添えて左腕を右の遠くへ直線的に伸ばし，次いで左の遠くへ限度一杯に振る，という動きのイメージが得られる．これは，取るに足らない思いつきのように見えるが，これほど明快にスイング動作の非対称性を示す説明は，これまで見たり聞いたりしたことが無い．そこで，その役割を明示するために，これを「革命的イメージ」と呼ぶことにした．

　このイメージ自体は，一見「がらくた」風に見える．しかしその具体化を追求すると，次に見るようにスイングを確定する基本的な手懸かりとなる体の動きが見出される．セレンディピティ発現の一つの具体例である．

1.3.4 肩と腕の「魔法の動き」

　「革命的イメージ」を具体化する形にクラブを振り，ボールを打ってみると，かなり良いショット（打球）が得られる．イメージに忠実に従って動きを大きくすると，左手の背中が地面の方を向き，これを覆って右手の平が地面の方を向く形の体勢で腕が右の遠くへ振られ，そこから左へ引き抜かれる．

　この右への動きを更にグリップ（手の握り）が上に引かれる所まで実行すると，肩と腕の動きの形がより明確になる．左肩は肩甲骨が前に引き出されながら上腕が外側に回り（外旋），右肩は肩甲骨が背骨の方に引かれながら上腕が内側に回る（内旋）．この動きと共に，左前腕は外側に回り（回外），右前腕は内側に回る（回内）．

　さらに重要な点は，これらの動きとともに肘，手首，手の平などの関節が一定の形に固定されて手の動きが体の動きに直結し，体の動きでクラブを振る体勢ができ上がる．この肩と腕の動きがスイング動作に大きく影響することから，これを「魔法の動き」と呼ぶこととした．

　ゴルフの文献には，しばしば魔法の動きと呼ばれるものが登場するが，肩から手に繋がる腕を固める（関節を固定筋で固定する）構造を明確に指摘したものは，筆者の知る限りでは存在しない．

　出発点のモデルとして自由度の高い構造を採用し，これを観測データに当てはめながら自由度を減少させることで予測性を確保するのは，統計的モデルの決定で一般的に利用される手法である．スイングでは，自由に動き過ぎる腕や脚

1章 モデリングの技:ゴルフスイングの解析を例として

腰の動きから,不要な動きを取り去ることによって動きの再現性が確保される.

「魔法の動き」は,腕や手の動きに含まれる曖昧さを限度一杯に除去する.肩と腕の動きが固まれば,その後は手の動きに比べて自由度の低い脚腰背骨の動きの検討に集中できる.この意味で,肩と腕の「魔法の動き」の確定は,スイング動作のモデリングを組織的に進める上での貴重な第一歩であった.

この「魔法の動き」にはさらに驚くべき秘密が隠されている.これはモデリングの最終段階で明らかになる.

1.4 実用的なスイングの構成

ここでは,使えそうなものは何でも試すことになる.

1.4.1 「直線打法」の導入

スイング動作の円周イメージからの脱却の第一歩として,「直線打法」と称する打法を導入した.これはバックスイングでクラブを右に直線的に振り,そこから左へ直線的に引き抜くものである.

頭を安定に保ってこの打法を実行すると,バックでは肩が右に回り,ダウンでは体の左側が緊張して,腕がグリップ(手の握り)を左へ引き抜く.

短いクラブでこの動きを実行すると,簡単に安定したショットが実現する.バックのスタートで「魔法の動き」を実行し,ダウンでは両腕を体の前を通して左へ引き抜く意識でグリップを引いてボールを打てばよい.

この動きに慣れた所で,バックスイングの動きをさらに大きくすると,クラブが上がり始める.この過程で常に肩と腕の「魔法の動き」を維持すると,グリップがトップ(頂点)に上がって止まる.この位置からクラブを引き戻して左へ引き抜くようにダウンスイングを実行する.これでかなり実用的なショットが実現する.これが「直線打法」である.

この打法のダウンスイングの特性を会得するには,右踵を浮かせて右脚をつま先で支え,左脚一本でスイングを実行する.これで体の安定を保ってスイング動作を実現する体の動きの感覚が得られる.ダウンで胸は左に回転せず,前向きに保たれる.

1.4.2 「超直線打法」の完成

「直線打法」の動きは，「革命的イメージ」をそのまま実用化しようとして得られたものである．ところが，「革命的イメージ」はベッドで上を向いて横たわる状態の中で着想されたもので，生まれた状況の影が現れている．この場合，背骨の大きな動きはベッドに妨げられて不可能であった．

これにより動きの自由度が極度に制約され，その結果，得られる動きの構造が単純になった．モデリングの視点からは極めて幸運な状況で，実用的な形に仕上げるのが容易になり，「直線打法」が得られたのである．

しかし可能な限り遠くへボールを運ぶというスイング動作の目的の実現に必要な，大きな動きの可能性が排除されている．体の大きな動きを安定に発生させ，強力な腕振りの仕組みを作り上げることが次の課題となる．

ここで「地球を足でつかんでぶら下がる」というゴルファーのイメージが具体的に働き始める．地球を足でつかんで振り回せば，その反作用によって腕とクラブが振られるはずである．この動きでは，立って体を安定に保つ動きを背骨が実現し，必然的に強力な脚腰の筋群が働く．

このことから，脚腰と背骨の動きを適切に構成し，これによる体の動きで腕とクラブを振る，というモデリングの指針が得られる．基本的なものは背骨の動きによって得られる体の動きの構造である．

背骨（脊柱）は腰椎，胸椎，頸椎の3部分からなり，腰椎は前，胸椎は後ろ，頸椎は前に張り出すように彎曲している．それぞれの部分は脊椎の積み重ねで構成され，これらの脊椎がわずかずつ偏心しながら回転する動きの合成で背骨の動きが生まれる．

スイングの背骨の動きでは，背骨に沿って走る筋群の左右の緊張の差により各部の彎曲が左あるいは右に引かれるが，脊椎の回転的な動きが彎曲の向きと逆方向に発生して頭は安定に保たれる．面倒な仕組みの動きである．

(1) バックスイングの構成

背骨の動きの仕組みは面倒でも，誰でもこれを使って体を動かしている．問題は意識的に動きを作ることであるが，これは容易である．棚の上の物を取ろうと手を伸ばせば，脚腰や背骨は自然に動く．腕の動きで背骨の動きを導き出

1章 モデリングの技：ゴルフスイングの解析を例として

せばよい．

　そこで基本となる右腕の「魔法の動き」を確認する．脚腰を自然の状態にして置いて，右上腕の内旋（内側回し）を実行すると，右グリップが右に振られて腰（腰椎）の高さに振られる．ここでさらに内旋の動きを強めると胸（胸椎）の高さまで上がる．さらに動きを強めると首（頸椎）の高さまで上がる．この間，脚腰は自然に動いて動きを支える．この動きを利用する．

　まず両脚の構えを決め，両腕でクラブを水平に構えた体勢から，ボールの位置にヘッドが下りるまで腰から上を前傾させ，クラブに対応する体勢（アドレス）を作る．ここから右腕の「魔法の動き」を実行すれば，グリップが腰の水準に上がり，胸の水準に上昇し，さらに首の水準にまで上がる．これで深いトップの体勢に入る．当然左腕の「魔法の動き」も併せて実行する．

　深いトップの位置にグリップが上がると胸筋と背筋が引き伸ばされ，脚腰を含めて緊張が発生しバックスイングが完成する．

(2) ダウンスイングの実行

　ダウンスイングでは，頭を安定に保ちながら，グリップを引き下ろして左へ振る．右肘が体側に沿って引き下ろされ，引き出されて右グリップを左へ振る．まさしく「革命的イメージ」の右腕の動きの拡張版である．

　この動きでは，バックスイングで変形した背骨を元の形に引き戻す．背骨を安定に保持する深層の筋群は腰を通じて脚に繋がるから，その動きを効果的に利用するために「地球を足でつかんで振り回す」体勢を作る．

　これには，肩と腕の「魔法の動き」における肘の固定に対応する「膝の固定」を利用する．膝の固定と同時に脚が固まり，体が瞬間的に押し上げられ，その反作用で足が強力に地面を押し，地球をつかむ．

　同時に「腹を引き締める」動きを加えると，背骨を固める動きが発生し，体と負荷を安定な位置に導く．この動きで，胸の正面を保ったまま，腕とクラブが強力にインパクト圏を引き抜かれ，「超直線打法」が完成する．

　しかし，モデリングの立場からは「魔法の動き」の秘密の解明が残る．神は細部に宿るのである．

1.4 実用的なスイングの構成

(3) インパクト圏の動きの微細構造

　スタートでは，「魔法の動き」で左腕は上腕を外旋する．これと共に左前腕も回外し，手の平が内側に巻き込まれて小指側に引かれ，腕とグリップが固まって左肩が引き出され，ヘッドが直線的に右に引かれる．

　対応する右腕の動きでは，上腕が内旋して肘が体側に引きつけられる．これと共に右前腕の回内が発生して右手の平が背中側に反り，小指側が前に引き出されて右グリップが固まり，ヘッドが右に直線的に引かれる．

　このように，「魔法の動き」は打球の動きの反対方向にヘッドを引く．バックの各段階での「魔法の動き」は，ヘッドをトップに向けて振るわけである．

　ダウンでは，背骨を引き戻す．ここで腹を引き締めると，背骨が固定されて腕が強力に左へ振られる．この間の背骨の動きにより，ダウンとインパクトで「魔法の動き」が発生する．

　これはボールから遠ざかる向きにヘッドを振る不利な動きのように見えるが，これによりヘッドが目標線の内側に保たれると同時に，腕を振る筋（広背筋）が引き伸ばされて緊張し，強力なインパクトを実現する．

　インパクトの「魔法の動き」では，左腕は上腕の外旋でクラブを振り，右腕は上腕の内旋で肘が体側に引き付けられ，前腕の回内（手首の返し）でクラブを振る．左腕と右前腕が，それぞれ二重振り子モデルの腕の働きでクラブを振る．

　左腕とクラブの二重振り子は，左脇前の最低点で腕とクラブが直線的になる形の動きでヘッドを円弧状に振り，右前腕とクラブは，右脇前の最低点で直線的になる形の動きでヘッドを円弧状に振る．左腕の動きはボールを目標線の右に打ち出し，右前腕の動きは左に打つ．

　単純な二重振り子がカオスを生むことから推測されるように，一方の腕だけではインパクトの安定性確保は難しいが，2つの腕の動きがクラブのグリップ（握り）を通じて合成されることで自由度が減少し，インパクト圏では平坦かつ直線的な動きが安定に実現する．

　これが「魔法の動き」の最高の秘密の実態である．インパクトの動きのモデリングはこれで完結する．その有効性は実験的に確認できる．スイングのクライマックスであるインパクトの動きを，このように構造的に捉えた例は，筆者の知る限りでは他にない．

1章 モデリングの技:ゴルフスイングの解析を例として

　こうして，スイング動作の最終的なモデルは，"一貫して「魔法の動き」を実行してトップに入れ，「地球を掴んで」引き下ろし，「腹を締めて」振り抜く"という，簡明な記述で与えられることとなった．

1.5　終わりに

　本稿では，実際問題のモデリングに際して要求される「技」に対する理解の広まりを願い，煩雑さを恐れながらも，筆者の体験をそのままに記述した．

　モデルの実用には，グリップを含めてアドレスの体勢を適切に決め，「魔法の動き」を実現しやすい物理的特性のクラブを使うことが必要である．これはクラブの選択やデザインに繋がる話題である．

　ゴルフスイングの解析については，多年にわたる臼井支朗氏との議論，並びに森正樹氏，駒沢勉氏による実証的検討の結果に負うところが大である．この機会に，これらの方々に心からの感謝を申し上げる．

　追記：本報告の完成後，さらに実用性が高いモデルに到達したが，これについては別の機会に報告する．

参考文献

[1] Cochran, A. & Stobbs, J.: *Search for The Perfect Swing*, Triumph Books, 1986.

[2] Damasio, A.: *The Feeling of What Happens*, Harcourt, p.319, 1999.

[3] Hadamard, J.: *The Mathematician's Mind*, Princeton University Press, pp.142–143, 1996.

[4] Jorgensen, T. P.: *The Physics of Golf*, Second Edition, Springer, 1999.

2章

AICとMDLとBIC

● ● ● 赤池弘次

2.1 はじめに

　AICは統計モデルをデータに基づいて比較するための相対的な評価量である．その基礎にある情報量の概念は，ボルツマンによる熱力学的エントロピーの研究にはじめて登場したもので，ひとつの確率分布から見て，もうひとつの確率分布がどれほど離れているかを測るものである．AICの導入により，ただひとつのモデルについての推定論，検定論の議論に集中していた伝統的な統計学の枠組みを越えて，さまざまな科学的研究の現場で，新しい統計モデルの提案と比較検討を通じて研究活動の推進が試みられるようになった．

　AICに関する誤解は数多いが，J. RissanenによるMDL (Minimum Description Length) 規準と，G. Schwarzによるベイズ理論的な解析に基づくBIC規準に関するものが，最も一般的であろう．本稿では，MDLあるいはBICが，AICを超える根拠を持つと考えるのは迷信に過ぎないことを示し，AICの本来の意味を再確認することにしたい．

2.2 AICの定義

　データから有効な情報を得るために，データ x の現われ方に対するわれわれの期待を確率分布 $p(x|a)$ の形で表現する．これが統計モデルである．通常このモデルは未定の変数（未知パラメータ）a を含む．データ x が与えられたとき，$p(x|a)$ の値をパラメータ a （の与えるモデル）の尤度 (likelihood) と呼ぶ．最尤法 (the method of maximum likelihood) は，a の推定値として尤度 $p(x|a)$ を最大にする値（最尤推定値）を採用する方法である．

---

* 本稿の原記事は，『オペレーションズ・リサーチ』（1996年7月号）に掲載された．

2章 AICとMDLとBIC

　R. A. Fisherの研究により, 観測データ x が実際に $p(x|a)$ の形の確率分布に従って発生するとき, 最尤法が優れた特性を示すことが示された. しかし, 応用の場面では, データを生み出す確率的な構造が完全に分かっていることは無いから, Fisherの議論は, 最尤法の実用上の根拠を与えない.

　AICの導入には, 確率分布 $g(x)$ から見て確率分布 $f(x)$ がどれだけ離れているかを測るために, 情報量

$$I(f;g) = E_f \log f(X) - E_f \log g(X)$$

を採用する. ただし E_f は X が分布 $f(x)$ に従うものとしての期待値を示す. この量は非負の値をとり, 0となるのは g が f に一致する時である. $I(f;g)$ が小さいほど $g(x)$ から見て $f(x)$ が近いことになる.

　$f(x)$ を目的の分布, すなわち"真"の分布と考えれば, $E_f \log g(X)$ が大きいほど $g(x)$ は $f(x)$ の良い近似となる. $E_f \log g(X)$ の推定値として, データ x による対数尤度 $\log g(x)$ を採用すれば, $\log g(x)$ が大きいほど良いモデルとみなされる. $g(x|a)$ のように未知パラメータを含むモデルでは, $\log g(x|a)$ を最大にするパラメータ値が最良とみなされ, 最尤法が得られる. 通常, a はベクトルである.

　最尤推定値の与えるモデルの尤度は, パラメータの値をデータで調節することから, モデルの評価値としては高めに偏る. この点を考慮し, 最尤法で決められたモデルの相対的な評価量として

$$\text{AIC} = (-2) \text{最大対数尤度} + 2 (\text{パラメータ数})$$

が定義される. パラメータ数とは, 最尤法で調節されたパラメータの数 (a の次元) である. 符号の関係からAICが小さいほど良いモデルと評価される.

2.3　AICの構造

　$L(a|x) = \log p(x|a)$ とすると, パラメータ a の与えるモデルの"真"の評価は $E_f L(a|X)$ で与えられる. E_f は, X の"真の"分布 $f(x)$ に関する期待値を示す. a の次元を K とし, パラメータ a の空間を A_K とする. $f(x) = p(x|a_t)$ と書けるものとし, $\Delta a = a - a_t$ として, a_t の近傍で2次曲面近似

2.3 AIC の構造

$$E_f L(a|X) = E_f L(a_t|X) - (1/2)\Delta a' M \Delta a \tag{2.1}$$

を採用する．記号 $'$ は転置を示す．最尤推定値 a_o の近傍で，$L(a|X)$ に対して (2.1) と同形の近似 $L(a|x) = L(a_o|x) - (1/2)\Delta a' M \Delta a$ が成立する状況を想定する．ただし，$\Delta a = a - a_o$ である．これらの近似が有効に成立する範囲内でのパラメータの動きを考え，A_k を，a_t を原点とし，内積が $(a,b) = a'Mb$ で与えられるベクトル空間として考察を進める．

a を A_k の k 次元部分空間 A_k に制約する場合の最尤推定値を a_{ko} とし，その評価として

$$2E_f L(a_t|X) - 2E_f L(a_{ko}|X) = ||a_t - a_{ko}||^2 = ||d_{kt}||^2 + ||a_{kt} - a_{ko}||^2 \tag{2.2}$$

を採用する．ただし，$d_{kt} = a_t - a_{kt}$，a_{kt} は A_k 内で $E_f L(a|X)$ を最大にする値，$||a||^2 = (a,a)$ である．対応する対数尤度による評価は，$a_t \to a_o \to a_{ko}$ という経路に沿って眺めれば，

$$\begin{aligned}
2L(a_t|x) - 2L(a_{ko}|x) &= ||a_t - a_{ko}||^2 \\
&= 2(L(a_t|x) - L(a_o|x)) + 2(L(a_o|x) - L(a_{ko}|x)) \\
&= -||a_t - a_o||^2 + ||a_o - a_{ko}||^2
\end{aligned} \tag{2.3}$$

となる．$\Delta a = a_o - a_t$ を，A_k への射影 Δb と A_k の $(K-k)$ 次元直交補空間 C への射影 Δc とに分解すると，$\Delta a = \Delta b + \Delta c$，$a_{kt} - a_{ko} = -\Delta b$，$a_o - a_{ko} = (a_o - a_t) + (a_t - a_{kt}) + (a_{kt} - a_{ko}) = \Delta a + d_{kt} - \Delta b = d_{kt} + \Delta c$ が成立する．

データ x が互いに独立に同一分布に従う n 個の観測値からなる場合，n が大となるとき，$||\Delta a||^2, ||\Delta b||^2$ は，それぞれ，漸近的に自由度 K, k のカイ 2 乗分布に従う．これらの分布の平均値はそれぞれ，K, k である．$||a_o - a_{ko}||^2 = ||d_{kt} + \Delta c||^2$ は，パラメータが A_k に属するという仮説の尤度比検定統計量で，漸近的に $||d_{kt}||^2 + K - k$ を平均値とする非心カイ 2 乗分布に従う．

これらの結果から，式 (2.3) の右辺第 1 項を $-K$ で置き換え，第 2 項に $-(K-k) + k = -K + 2k$ を加えれば，漸近分布の平均値が式 (2.2) のそれと一致する．かくして，

2章 AICとMDLとBIC

$$2(L(a_{ko}) - L(a_{ko})) - 2K + 2k = -\mathrm{AIC}(K) + \mathrm{AIC}(k)$$

が，最大対数尤度の偏りを漸近的に修正した，評価式 (2.2) の推定値となる．ただし，

$$\mathrm{AIC}(k) = -2L(a_{ko}|x) + 2k$$

である．$-2E_f L(a_{ko}|X)$ の代わりに，観測可能な $\mathrm{AIC}(k)$ を用いて，偏りのない相対的評価が可能になるわけである．K および A_k は，背景にある理想的な分布に対応するものと考えれば，明示される必要はない．対数尤度関数が上記の近似を許容する限り，AIC は適用可能であり，分布形の異なるモデルの比較にも有効である．

2.4 ベイズモデルについて

ベイズモデルでは，データ分布 $p(x|a)$ のパラメータ a に対して，事前分布 $p(a)$ を想定し，パラメータの推定値に代わり

$$p(a|x) = p(x|a)p(a)/p(x)$$

で定義されるパラメータの分布（事後分布）を利用する．ただし，$p(x)$ はこのベイズモデルの尤度で

$$p(x) = \int p(x|a)p(a)da \tag{2.4}$$

で与えられる．

このような方法の予測の立場からの評価は，事前分布の選択を含め，情報量を利用して議論することができる [1,5]．利用目的に応じて，有効な情報が取り出せるように $p(a)$ を選ぶことが大切で，このためには，当面の問題に対する十分な理解と知識が要求される．いくつかのベイズモデルがある場合には，尤度を比較して検討を進める．これらを統合してベイズモデルを構成することも可能であり，事前分布の未知パラメータ（ハイパーパラメータ）に最尤法を適用することも可能である．

ベイズモデルでは，データ分布 $p(x|a)$ のパラメータ a の次元を低く保つ必要

はない．データ x の次元（データ長）よりも高い次元のパラメータを持つデータ分布による時系列の季節調整の実現が，このようなモデルの実用性を実証した [2,3]．AIC の示した対数尤度の客観性あるいは間主観的 (intersubjective) な性格が拠り所となって，複雑なベイズモデルの組織的な取扱いが可能になったと筆者は考えている [4]．

2.5 MDL 規準について

1972 年 1 月，R. Kalman に招かれてフロリダでのシステム理論のシンポジウムに参加した筆者は，自己回帰モデルの次数決定に関連して AIC の簡単な解説を行った．参加者の中でこの話に最も興味を示したのが J. Rissanen である．その後，符号化あるいは複雑度 (complexity) の視点から，モデル評価の議論を試みているが，MDL 関係の仕事をまとめた書物 [6] によって，その考え方の大要を追ってみよう．

MDL 規準は，

$$\mathrm{MDL}(k) = -\log(p(x|a_o)p(a_o)) + (k/2)\log n \tag{2.5}$$

のように定義される．ただし，a_o は最尤推定値，k はパラメータ a の次元，n はデータの個数，すなわち x の長さである．モデルに基づく符号化によるデータ x の符号の長さは，$L(x,a) = L(x|a) + L(a)$ によって与えられる．$L(x|a) = -\log p(x|a)$，$L(a) = -\log p(a) - \sum d_j$ である．d_j は，$p(a)$ をヒストグラム状に離散化するための，a の j-成分の離散化（粗い数値化）の単位幅である．$\sum$ は $j = 1, \cdots, k$ に対する総和を表す．符号長を最短にするモデルに対する，$L(x,a)$ の値は，a に関する最小化により

$$\min_a \{-\log p(x|a) - \log p(a) - \sum \log d_j\}$$

で与えられる．この時の a の値（事後分布のモードにあたる）を a_p とする．

離散化した a の中で $L(x|a)$ を最小にするものを a_d とすれば，離散化の誤差のために

2章 AIC と MDL と BIC

$$L(x|a_d) = L(x|a_p) + (1/2)e'Me$$

のように符号の長さが増大する．ただし，$e = a_d - a_p$ である．ここで，e を $d = (d_1, d_2, \cdots, d_k)$ で置き換え，

$$(1/2)d'Ld - \sum \log d_j$$

を最小にするように d_j を決める．$M = nS$ と置けば，最適幅が $d_j = c_j n^{-1/2}$ の形で与えられる．このとき

$$\sum \log d_j = (k/2)\log n + O(1)$$

が成立し，n とともに増大する部分だけに注目すると

$$L(x, a_d) = \log p(x|a_p) + (k/2)\log n$$

となり，MDL 規準が得られる．$p(a)$ が a_p の近傍で平坦であると仮定すれば，$a_p = a_o$（最尤推定値）となるから，式 (2.5) の形になる．ただし，ここでは $\log p(a_o)$ は無視されている．

上記の導出の過程から，MDL 規準は，パラメータを離散化して符号化することを考えた結果，最尤推定値の近傍での対数尤度関数の動きが評価されて現われたものに過ぎないことが分かる．計算機の桁数が十分あるときに，パラメータの値を粗雑に区切り直すことは，統計理論の立場からは無意味である．したがって，MDL の根拠は統計学的に見れば無意味である．

Rissanen は，最終的には stochastic complexity なる概念を提案しているが，これはベイズモデルの対数尤度の符号を変えたものにすぎない．一般的なベイズモデルの適用に際しては，データは n 次元空間からのサイズ 1 のサンプルと考えるべきであるから，$\log n$ は無意味となる．結局，MDL は統計学的には無意味な状態にとどまっている．

符号化理論は，本来離散的な符号の取扱いのために考案された Shannon のエントロピーが基礎にあり，連続的な変量への適用には注意を要する．符号の系列を生み出すに必要な計算機入力の長さ，すなわち符号長，を用いて，系列の確率を定義することを初めて提案したのは R. J. Solomonoff である．1974 年

に筆者がハーバード大学で行ったセミナーに出席してAICに興味を示し，1976年の再会の際には，自身の方法を多項式の次数決定に適用したことを話してくれたが，結果は公表されていない．連続変量の取扱いに内在する困難を示唆するものであろう．

2.6 BIC規準について

1976年の夏学期，筆者はスタンフォード大学統計学科で情報量規準とベイズモデルの利用について講義を行った．聴講者の中にいたG. Schwarzは，やがてベイズ的な枠組みに基づくモデル選択の規準(BIC)を導出し，AICに最適性はありえないとする論文草稿が筆者あてに送られてきた．

この論文が *Annals of Statistics* (Vol.6,1978)に掲載されるに際して，筆者はEditorに手紙を送り，BICによるモデル選択は，恣意的な事前分布に対応するものであり，最適性の主張には問題があることを指摘した．しかし何らの対策もとられず，BICはAICを否定するものとの誤解が広まることとなった．

複数のベイズモデルがあるとき，j番目のモデルの尤度を$p(x|j)$と表示すれば，このモデルの事後確率は，モデルの事前確率を$p(j)$として

$$p(j|x) = p(x|j)p(j)/\sum p(x|j)p(j)$$

で与えられる．ただし$\sum$はjについての総和を示す．

$$\log p(j|x) = \log p(x|j) + \log p(j) + H$$

と表示すれば，データ数nが大となるにつれ，右辺第1項の対数尤度が第2項に比べて支配的になり，これがモデルの相対評価の規準となる．

データ分布$p(x|a)$と事前分布$p(a)$で定義されるベイズモデルの尤度は式(4)により

$$p(x) = \int p(x|a)p(a)da$$

で与えられる．Schwartzは特定のモデルについて，パラメータaがk次元空間に制約される形の事前分布に従うとき，その対数尤度が

2章　AICとMDLとBIC

$$\log p(x|a_o) - (k/2)\log n + R$$

の形になることを示した．R は n とともに増大することのない部分であるから，これを無視することにして残りを (-2) 倍すれば

$$\text{BIC} = (-2) \text{最大対数尤度} + k \log n$$

が得られる．

この結果は，AIC の定義における $2k$ を $k \log n$ で置き換えるものであり，したがって AIC によるモデル選択に最適性はあり得ないと言うのである．

Schwarz の取り扱ったベイズ的な構造では，モデルの事前確率 $p(j)$ とともに，パラメータの事前分布 $p(a|j)$ もデータ数 n に無関係に一定とされる．これは，事前情報の完全利用を目指すベイズ的接近の立場からは恣意的な制約である．データの観測以前に n が未確定であれば，事前分布として a, j, n の分布を

$$p(a, j, n) = p(a|j, n)p(j|n)p(n)$$

のように考え，データが与えられたときには，n で条件づけられた $p(a|j,n)p(j|n)$ を事前分布として用いる．このように，n に依存する事前分布を用いることが，ベイズ的な立場からは自然なのである．

簡単な例について具体的に検討してみよう．データ $x = (x_1, x_2, \cdots, x_n)$ について，各 x_i は互いに独立に平均 a，分散 1 の正規分布に従うものとする．$X = (1/n)\sum x_i$ とすれば，x のデータ分布は

$$p(x|a) = C(x)\exp(-(n/2)(X-a)^2)$$

の形に書ける．$p(a|0)$ として，$a = 0$ に確率 1 を与える分布，$p(a|1)$ として，平均 0，分散 $4/n$ の正規分布を考える．データの算術平均 X は，平均 a，分散 $1/n$ の正規分布に従うから，後者の標準偏差は，X の標準偏差の 2 倍である．

これらふたつのベイズモデルについて，その尤度を計算してみると，それぞれ，$C(x)\exp(-nX^2/2), C(x)(5^{-1/2})\exp(-nX^2/10)$ となる．これより，$nX^2 > (5/4)\log 5 (= 2.01)$ であれば，$p(a|1)$ の与えるモデルの事後確率が $a = 0$ とするモデルのそれよりも大きくなる．これは，AIC による $a \neq 0$ の判定条件，

$nX^2 > 2$ と，ほとんど完全に一致する．このモデルを k 次元ベクトル観測値に拡張すれば，AIC の一般的な形に対応する結果が得られる．

BIC による $a \neq 0$ の判定条件は，$nX^2 > \log n$，となる．これを，仮説 $a = 0$ の検定と考えると，$n = 7$ の場合，AIC による判定とほぼ同じく，X の 0 からの偏差が標準偏差の 1.4 倍程度で有意と判定されるが，$n = 1000$ になると，標準偏差の 2.5 倍でも有意とされず，有意性の判断基準が n に依存して変化することになる．BIC の利用を受け入れる人は，精度が同じデータでも，n によって見方を変える立場に立っているのである．同形の MDL をはじめ，いわゆるモデルオーダーの決定に一致性 (consistency) を示すその他の規準の利用者も同じである．

BIC は，パラメータの値に比べて最尤推定値の誤差幅が極度に小さく，有意なパラメータと，そうでないものとが，容易に識別できる状況に対応するモデルから得られている．これに対して AIC は，有意性がようやく認められる程度のパラメータの取扱いに注目し，誤差の影響に埋没しそうになるところまでモデル化の可能性を追及しているのである．

2.7 おわりに

AIC の導入により，Fisher が統計理論の対象外とした分布形指定の問題が，モデルの比較検討を通じて組織的に処理されるようになった．歴史的に見ると，モデルの提案が統計的解析の中心課題であることを明らかにしたことが，AIC の主な貢献である．MDL と BIC を廻って生じた誤解は，数式の具体的意味の理解の欠如が招く危険を示す，教訓的な事例を提供している．

参考文献

[1] Akaike, H.: A new look at the Bayes procedure, *Biometrika*, Vol. 65, pp.53–59, 1978.

[2] Akaike, H.: Likelihood and the Bayes procedure, *Bayesian Statistics*, Bernardo, J. M., DeDroot, M. H., Lindley,. D. V. and Smith, A. F. M. (eds.), pp.143–166, University Press, Valencia, Spain, 1980.

[3] Akaike, H.: Seasonal adjustment by a Bayesian modeling, *Time Series Analysis*,

Vol. 1, pp.1–13, 1980.

[4] Akaike, H.: Prediction and entropy, *A Celebration of Statistics*, Atkinson, A. C. and Fienberg, S. E.(eds.), pp.1–24, Springer-Verlag, NewYork, 1985.

[5] 赤池弘次：事前分布の選択とその応用,『ベイズ統計学とその応用』, 鈴木雪夫・国友直人編, pp.81–98, 東京大学出版会, 1989.

[6] Rissanen, J.: *Stochastic Complexity in Statistical Inquiry*, World Scientific, Singapore, 1989.

3章

モデリング

伊理正夫

　本稿で述べることは，日頃から筆者が個人的に抱いている "モデル" に関する感想・意見である．

3.1 "モデリング" 語用論

　"モデル" は英語ではもちろん "model"，日本語では "模型" ともいうが近頃はあまり流行らないようだ．英語の "model" は "モデルを作る"，"モデル化する" という動詞でもあるから，"モデリング" すなわち "model(l)ing" は "モデル作り"，"モデル化" ということになる．（ちなみに，国際情報処理連合 (IFIP) の TC7 というグループでは隔年に「システムのモデル化と最適化」という主題で国際会議を開いているが，一昨年 NewYork で開かれたこの会議の公式名称は System modeling and Optimization，本年 Copenhagen で開かれるものは System Modelling and Optimization となっている．日本で開くときは Modeling にするのか Modelling にするのか興味深い．）ちょっと注意したほうがよいのは，ロシア語でこれに語形がぴったり対応する "моделирование" という言葉は，どちらかというと，英語の simulation（日本語でも "シミュレーション"；これを時折 "シュミレーション" と書く人があるのは困る）のような意味に使われることが多いということである．他に，model-making, model-building というような言葉も同義に用いられる．

　モデリングほど大げさではないが，類義の語に "定式化 (formulation)" がある．

　"モデル" という言葉にはよくいろいろな形容句がつけられる．関連する主た

---

* 本稿の原記事は，『bit 増刊号　vol.15, No.8』（共立出版，1983 年）に掲載された．

る数学的技法をつけた"確率モデル","マルコフ・モデル","LPモデル"（LP=線形計画法），…，とか，対象とする問題の規模や種類をつけた"地域モデル","世界モデル","マクロ経済モデル","世界エネルギー・モデル"，…，とか，あるいは，対象の内部構造にどれだけ立入って考えるのかに従って"現象モデル","構造モデル"とか，用途に従って，"記述的(descriptive)モデル","規範的(normative)モデル"とか，いうように．

3.2 モデルは世界観

"モデル（模型）"というからには，それは「本物ではない」ということである．現実そのものではなく，そこに内在する本質的なものを取り出したものである．"取り出す(abstract)"とは"抽象"である．取り出すからにはそこに取り残されたものがあるわけであるから，"抽象"とはすなわち"捨象"である．

抽象の過程は決して純客観的ではありえない．「このことの本質はこれこれである」ということではなくて「私は，これこれがこのことの本質であると見るのだ」という，主体的な行動である．モデルを作ることは自分の立場の表明であり，大げさに言えば，自分の世界観の宣言である．既製のモデルを利用することだって，それは一つの立場に自らを委ねているのだと言える．「既製のプログラム・パッケージに既存のデータを入れたらこんな結果が出ました．私共はそういう仕事をしましたので報酬を頂きます．しかし結果そのものについてはデータとパッケージの責任で，私共の責任ではありません」というようなことは，"頭脳"が売り物の会社のすることではない．

3.3 モデルと数学

モデルとは，"それに依って考えるもの"であるから，別に"数学"を使ったものでなければならないということはない．ましてや"数式"を使ったものでなければならないことなど決してない．たとえば，"難しい数学の問題の物理モデル"などというものがあったって良いわけである．現に，"等価回路(equivalent circuit)"という古来よく用いられている概念は，現象の"電気回路モデル"のことであると言える．

しかし，前節で述べたように，モデル作りには抽象の過程が必須であるから，モデルは現実よりは"抽象的"にならざるをえない．"抽象的である"ということは，広い意味で"数学的である"ことである．数学"的"ということは，既製の数学のどれかの分野に適合しているということではない．あるいは"数理的"と言ったほうが良いかもしれない．現実にも重要な問題の"すぐれた"モデルに対応する数学の分野が存在しなければ，"数学"はそのような新しい分野を積極的に開拓すべきである．このように，"…の数理（あるいは数学，数式）モデル"という言い方はごく自然なものである．

3.4 モデルとデータ

「モデル対データ」という概念対立は（故）森口繁一先生に教えていただいた．モデルを作るにしても，その対象とする現実について十分な知識がなければならない．関連する歴史，世界情勢，各種の統計データ，等々，博識にして"数字に強い"ことが必要である．というので，世の中には，「データを語り，データで考える」博識で数字に強い人がいる．そのような人々を森口先生は"データ人間"と呼ばれた．

しかし，データさえあれば何かが本当にわかるのであろうか．データとデータとの間の関係はどうか，このデータが当面の問題にとって本当に意味のあるものなのか，等々のことは，やはり問題をどのようなものとして把握するのかということをはっきりさせてからでないと，すなわち，モデルを作ってからでないとわからないはずである．データそのものにしたところで，現実を眺める眼鏡としてのモデルなしでは，本当には，得られないのではないか．モデルの意義を積極的に認識し，モデルによって考え，語り合い，行動する"モデル人間"の必要性を，森口先生は折にふれ強調されている．

3.5 何のためのモデルか

科学の分野が異なればモデルの役割もおのずから異なろうというものである．モデルを作ってその性質を調べることによって，対象としている現象の本質がよく理解できたということで満足するという，良く言えば"真理探究"型，悪く

言えば"独善"型のモデルの使い方は多い．「モデルとは物の見方なり」ということからすれば，これで別にかまわないわけではあるが，工学的な立場からすると，このような評論的・非生産的モデルで満足するわけにはいくまい．ましてや，ある現象の数学モデルを作って，そこに出てくる数学の問題を，ただ"数学の問題として"ひたすら研究するというような"でっちあげ"の数理科学のためにモデルが使われるのではかなわない．

やはり，モデルを作って，その性質を調べることによって，そのモデルの由って来たる所の現実の問題に対してわれわれが採るべき行動の指針が得られるという，そういう積極的・生産的成果を期待したいものである．すなわち，モデルを作るからには，現実のシステムなどの設計，運用，制御あるいは予測などに役に立つ知見を得ることを目標とすべきであろう．

モデルには，現実の事態を忠実に記述することから出発する"記述的"モデル（旧制高校語で言えば"sein 型"モデル）と「物事はそもそもこうあるべきである」という立場から事態のあるべき姿を表わす"規範的"モデル（同じく"sollen 型"モデル）とがあると，対立させることもある．しかし，単に現実を記述するだけのモデルでは何の役にも立たないし，逆に，現実をまったく無視した規範というものもありえないから，どんなモデルも自然に両方の性格を備えることになるはずである．

3.6 一意的でないモデル

同じ対象も，見方によってまったく違った姿に見えるのは当然である．同一対象が異なるモデルにモデル化されて不思議はない．要は，物事の本質がより良く理解できて，使いやすく，役に立つモデルであればよい．よくわかること，使いやすいこと，役に立つこと，ということのためには，複雑なものであってはならない．簡単なものであればあるだけよい．伝統的な技術分野における理論をそういう目で見ると，"電気回路理論"と"材料力学"の二つは非常に良くできた工学理論であると言える．電磁界を支配する Maxwell の方程式という4次元空間における連立偏微分方程式と物性を表す方程式とを扱う代わりに，"集中定数系"とみなして連立常微分方程式あるいはさらに単純な連立一次方程式

ですませてしまう．そしてそれでもなお，実用上十分すぎる正確さがある．

世の中の現象は詳しく見れば何らかの不確定性をもっている．だからといって，いちいち確率モデルで考えなければならないというものでもない．どのような場合に"確率的"に考えなければならないか，そのあたりがモデル作りの一つの急所であろう．また，物の量を"個数"で把えるべきか"連続量"として把えるべきかについても同様である．

3.7 現実に忠実なモデルとモデルに忠実な現実と

モデルはなるべく現実に忠実であってほしい．逆に言うと，あまり現実離れしたモデルでは使いものにならない——といった方向の話はごく常識的なものである．ところで，これと正反対に，"モデルに忠実な現実を"という話もまた大切である．一つにはモデルの規範性ということもあるが，多くの工学的，技術的な進歩が後者のような可能性の追求から生まれたということからも，その重要性がわかる．

あらゆる情報を2値情報に分解帰着して処理してしまおうという現代情報化社会を支える基礎技術は，そもそもの着想の源が何であったかはともかくとして，"2値システム"というモデルの性質を調べているうちに，「それに忠実な現実を作ってしまおう」ということになってでき上がったものだとも言える．前節でふれた電気回路の例にしても，いったん"集中定数系"という概念が成立してそれがかなり使い勝手の良いものであるということになると，今度は逆に，できるだけ各素子が他の素子と"場"を通して干渉しないように，そのように素子を作って回路を組むという方向の努力が始まることになる．

3.8 モデルの誤用

いまさら言うまでもないことであるが，モデルの誤用には注意すべきである．最も素朴な定量的なモデルである"実験式"とか各種の"統計的モデル"については特にそうである．適用可能な範囲をはるかに超えた"外挿"的用法などは論外であるが，特に誤りやすいのは"現象的に定量的な関係がある"ということと"因果関係がある"ということを混同することである．Aという量とB

という量がある関係を保って同時に変動するということがわかったからといって,「A の変化が原因となって B が変化する」のか「B の変化が原因となって A が変化する」のか,あるいは「他の共通な原因 C があって,それが A と B に同時に影響している」のかまではわからない(わかるはずがない).「給料を上げさせるためには,まず物価を上げさせればよい」などとは誰も言わないであろうが,けっこうそれに似た議論が世の中にはある.

ただ,物理的な現象の法則性の中には「何が原因で何が結果」ということではなく「全体として,これこれしかじかのバランスがある」というような性質のものもある.最も簡単な例としては,バネの伸びと張力の比例関係を述べた Hooke の法則がある.バネを伸ばせば張力が反力として生じるし,また逆に,力を加えて引っ張ればそれに応じて伸びる.

しかし,物理法則だからといって,いつも上例のようになっているわけではない.たとえば,ある簡単化された数式モデルでは,低速の輸送機の主翼面積 S と積荷も含めた飛行機の重量 W と飛行速度 v との間には,C をある比例定数として,$v^2 = CW/S$ という関係があることが知られている.この式は,「速度が v だと翼面荷重 W/S は v^2/C までしかとれない」とか「この輸送機は翼面積が S で巡航速度が v だから,全重量 W が $v^2 S/C$ くらいになるまでしか荷は積めない」とか「翼面積 S で,全重量 W を支えるには少なくとも速度 $v = \sqrt{CW/S}$ で飛べるようなものでなければならない」というように読むべきで,決して「翼面積 S の飛行機を速度 v で飛ばそうと思ったら全重量 W が $v^2 S/C$ になるように荷を積めばよい」と読むべきではない.

実は,正直に言って,現在までのところ,このような“因果関係”,“制御・被制御関係”をシステマティックに表現して取り扱う数学的な手法が確立しているとは思えない.定量的な関係を表わす関数,微積分方程式などにしても,また定性的な構造を表すグラフなどにしても,それらをこのような目的のために用いる一般的な方法論はまだないと言うべきであろう.したがって,どうしても,あまり形式化されていない(すなわち数学的でない)“日常言語”で形式的なモデルの補いをしてやらなければならないのが実情である.

3.9 モデルの適切さ

　しょせんモデルは主観的なものである，とは言っても，それは独善的であってよい，あるいは第三者にとっての説得力がなくてもよいということではない．むしろ，それだからこそ，モデルの"適切さ"が問題とされなければならないわけである．すでに何度か強調したように，モデルには対象と目的とがあるわけであるから，対象への忠実性と目的への合目的性を備えていなければならない．それらを総合して"適切さ (adequacy)"と呼んでいる．そして，モデルが適切であるかどうかを確かめることを"検証 (validation)"と言っている（もっとも，普通は，validation ではあまり"合目的性"のことは問題にしないようであるが，ここでは少々理想主義的にそれまで含めて問題にすることにしよう）．
　「私は新しいモデルを提案する．これは画期的なすばらしいものであると信じる．多くの人たちがこれを利用してその有効性を確認してほしい」というような形で提案されるモデルは，"モデル"としての資格がないと，筆者は思う．世の中には検証がおよそ不可能であるとしか思えないようなモデルも少なくない．提案者自身が完全な検証まですませてしまわなければならないとまでは言わないにしても，せめて「どうすればその適切さが検証できるか」ということまできちんと含んだ形でモデルは作られなければならないと思う．少々差し障りはあるが，一部で流行の"あいまい集合 (fuzzy set)"なる概念を含んだモデルなどは，このような観点から見直さるべきではなかろうか．
　適切なモデルの満たすべき必要十分条件を書き並べることはできない（多分誰にもできないであろう）が，最低限このくらいの条件は備えていてほしいという希望ならいくつか述べることができる（すなわち必要条件のいくつか）．
　一般性："特定の対象の特定の状況のもとでだけ有効であるようなモデル"というようなものは，モデルとは言えない．それでは，異なる状況のもとで何が起こるかを知ることもできなければ，似たような対象でも異なるものには適用することができない．ある程度の一般性を有することがモデルとしての必須の条件の一つであろう．
　頑健性：データに少々の誤差があってもモデルの定性的な性質ががらっと変わってしまうようでは困る．もっとも，データの中には現実を決定的に支配す

る重要なものもあることがある．データのどの部分がそのような重要性を有し，どの部分は少々の誤差があってもよいか，というようなこともわかるようなモデルであってほしい．さらに，モデルの挙動と現実の現象の間に少々の食い違いはあっても，大きな傾向として両者が一致しているということも必要である．特に，いろいろな極限的な状況における挙動が定性的にでも現実の現象と一致することは大切であろう．

不変性：この条件は普通あまり強調されていないようにみえるが，筆者には最も大事な条件であると思われる．正確にこの条件を述べるのは難しいが，大ざっぱに言うと次のようなことである．すなわち，物事の本質には関係のない，われわれが恣意的に導入する便宜上の手段に，モデルの本質的な構造が支配されるようなことがあってはならない．たとえば，連続な対象を離散化して扱うときに，離散化の細かさがモデルの性質に影響するようでは困る．適当かどうかわからないが，次のような例はどうだろうか．

いま，人口が $m_1, m_2, \cdots, m_N$ の N 個の都市があり，各都市の間の距離が d_{ij}（都市 i と都市 j の間の距離）であるとする．世の中には"重力モデル"というものがある．「都市 i と j の間の交通量 t_{ij} は $m_i m_j / d_{ij}^2$ に比例する」というものである．このモデルがどんな状況のもとで現実をよく表すかというような議論はさておくとして，モデルと現実との適合度を増すために，$m_i m_j / d_{ij}^2$ を少し一般化した"一般化された重力モデル"

$$t_{ij} \propto m_i^\beta m_j^\beta / d_{ij}^\alpha$$

が使われることがある．日本の首都圏を考えればわかるように，一つの都市というものがかなり恣意的な区切りである以上，β を 1 以外の数に選ぶのは不変性という観点からはいただけない．つまり，都市 1 を仮に人口が m_1' と m_1'' の 2 部分 $(m_1 = m_1' + m_1'')$ に分けたとすると，そこと他の都市 $j\,(\neq 1)$ との間の距離はそう変わらないであろうから，それぞれ

$$t_{1j}' \propto m_1'^\beta m_j^\beta / d_{1j}^\alpha, \quad t_{1j}'' \propto m_1''^\beta m_j^\beta / d_{1j}^\alpha$$

だけの交通量が生じ，したがって，全体の交通量は

$$t_{1j}' + t_{1j}'' \propto (m_1'^\beta + m_1''^\beta) \cdot m_j^\beta / d_{1j}^\alpha$$

となる．しかし，都市の分割はまったく仮のものであるから，

$$t_{1j} \fallingdotseq t_{1j}' + t_{1j}''$$

となっているべきである．そのためには，$m_1{}^\beta = m_1'{}^\beta + m_1''{}^\beta$ でなければならないが，それが $m_1 = m_1' + m_1''$ であるような任意の分割 m_1', m_2'' に対して成り立つのは $\beta = 1$ のときに限る（重力モデルの系統のものには，この他に，d_{ij} が非常に小さくなったときの扱い方がまた大変恣意的にならざるをえないという難点もある）．

もう一つの例．ある自動車ディーラーが関東各県における自動車の年間販売台数 y_i がどういう要因に依っているかを知ろうとして回帰モデルを作った．各県 i の人口 u_i，経済指標としての工業出荷額 v_i を説明変数として，$y_i \fallingdotseq au_i + bv_i$ という関係を仮定して，最小二乗法で a, b を定めたら，y_i と $au_i + bv_i$ はある程度の一致を示したが今一つということで，次に人口密度 w_i と人口1人当りの工業出荷額 x_i とを加えて $y_i \fallingdotseq au_i + bv_i + cw_i + dx_i$ という関係にしてみたら，一致の程度が格段に向上したという．しかし，y, u, v が県の分割や併合に関して加法的に振る舞う量であるのに対して，w と x はそれらに第一義的には無関係な密度量である．いくら一致の度合いが良くなったからといって，これでは不変性の要件に反する．

3.10　システムのモデル

近頃はシステム・モデルが花盛りである．なるべく広い視野から物を見よう，要素とそれらの間の相互関係という形で対象の内部構造を理解しようという，好ましい傾向ではある．しかし，森羅万象すべてをモデルに取り込めるわけではないし，また不必要に複雑なモデルは歓迎できない．そこで，ある所から下は "要素 (element)" であるとして一つに括って考え，ある所から上は（あるいは外は）外部環境という扱いをせざるをえない．ただこの場合，要素そのものおよび要素間の基本関係はなるべく "独立" であるように選ぶのがよい．$A \to D$, $B \to D$, $C \to D$, $D \to E$, $D \to F$（"$A \to D$" などは "A が D に影響する" と読む）というときに，これを $A \to E$, $A \to F$, $B \to E$, $B \to F$, $C \to E$, $C \to F$ と書いてしまったのでは構造モデルとしてはまずい．国の各種の産業

部門の活動の相互関係を表わす"投入産出分析"という確立された標準的な手法は，"構造モデル"からはほど遠いものと言わざるをえない．

また，近代制御理論では $d\boldsymbol{x}/dt = A\boldsymbol{x} + B\boldsymbol{u}$（$\boldsymbol{x}$ は状態ベクトル，$\boldsymbol{u}$ は制御ベクトル，A, B は $\boldsymbol{x}, \boldsymbol{u}$ が $\boldsymbol{x}$ の変化率に与える影響を表す行列）という"標準形"が用いられるのが常であるが，実在のシステムとの対応を見ると，A や B の（行列としての）要素には，システムの要素の性質あるいはそれらの間の基本的関係を表すパラメータが独立に入っていることはまれで，それらのかなり複雑な関数になっているのが普通である．システムのモデル化というからには，もっと"素なもの"とその間の"素な関係"を素直に表現するようなものであったほうが良いのではなかろうか．

4章
「問題解決エンジン」群とモデリング

● ● ● 茨木俊秀

4.1 はじめに

　最適化モデリングというと，まず線形計画 (LP: Linear Programming) や整数計画 (IP: Integer Programming) による定式化が思い浮かぶ．LP は実用化されてすでに久しいし，IP も最近では優れた商用パッケージが出回るようになり，広く使われるようになっている．人工知能の分野では制約プログラミング (CP: Constraint Programming) の枠組みが提唱され，実用化が進んでいる．

　組合せ最適化に興味を持つ研究者として，これらの恩恵に大いに浴しているのであるが，しかし同時に，これらだけでは十分ではないという印象も払拭できないでいる．この事情をもう少し詳しく説明すると，NP 完全性の理論によれば，ほとんどすべての組合せ問題は（つまりクラス NP の問題は）一つの NP 困難問題（たとえば IP）に定式化できることが分かっているが，定式化に際して多数の変数や制約条件を導入しなければならないとか，定式化自体は簡潔であっても解くのが容易でない，という理由で実用的には使えないことが結構あるからである．同様な感想は，応用の現場で OR を利用しておられる実務家の方々からもしばしば発せられている．

　広い範囲の組合せ問題を最適化手法によって解決するにはどうすればよいだろうか．少々面倒でも，次のようなアプローチ以外にないというのが，いろいろな試みを経て得た私の結論である [1]．すなわち，いくつかの標準問題を設定し，それらに対して「問題解決エンジン」を開発しておき，解くべき問題に適した標準問題のエンジンを利用するという図 4.1 のスキームである．この目的に，1990 年代後半から京都大学の柳浦睦憲さん（現在，名古屋大学），野々部

---

* 本稿の原記事は，『オペレーションズ・リサーチ』（2005 年 4 月号）に掲載された．

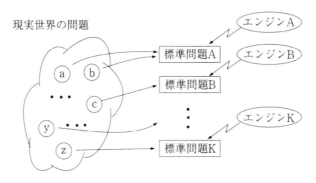

図 4.1 標準問題による問題解決

宏司さん(現在,法政大学)らと共に,学生達の協力を得て,問題解決エンジンを開発してきた.その結果,ようやく実用的に使えるレベルに近づいてきたと思われるので,その全体像を紹介し,利用にあたっての問題点,特にモデリングの部分について述べてみたい.

4.2 標準問題のリストとモデリング

まず,これまでに採用した標準問題のリストを与える.
1. 制約充足問題 (CSP: Constraint Satisfaction Problem)
2. 資源制約プロジェクトスケジューリング問題 (RCPSP: Resource Constrained Project Scheduling Problem)
3. 配送計画問題 (VRP: Vehicle Routing Problem)
4. 2次元箱詰め問題 (2PP: 2-dimensional Packing Problem)
5. 一般化割当問題 (GAP: Generalized Assignment Problem)
6. 集合被覆問題 (SCP: Set Covering Problem)
7. 最大充足可能性問題 (MAXSAT: Maximum Satisfaction Problem)

以上に加え,代表的な標準問題であるLPとIPについては,商用パッケージの利用を前提にしている.それぞれの標準問題は,多様な制約と目的関数を許容できるよう,柔軟な構造に設定されている.また,解を求めるアルゴリズムはすべてメタヒューリスティクスのアイデアに基づき,性能向上のために問題構造を利用したさまざまな工夫を加えて実現されている(これらの詳細は,文

4.2 標準問題のリストとモデリング

献 [2] [3], あるいはその中に引用されている文献をご覧いただきたい).

上記の標準問題はいずれも理論的には NP 困難であって, 厳密解を求めるのはきわめて困難と考えられている. そのため, 問題解決エンジンはすべて近似解を求めることを目的に作られている. 現実の場では, 近似解で十分であることが多く, また, 得られる近似解の精度はきわめて高いので, 開発された問題解決エンジンを用いると, 上記の標準問題はすべて現実的な意味で解けると言ってよい. この認識は重要である.

さて, 問題解決エンジンが手に入ったとして, よくある質問 (FAQ) は次のようなものであろう. いま会社で解決しなければならないある課題を抱えていて, 組合せ最適化問題の一種ではないかと思っているが, それをどのように定式化してよいか分からない. 定式化しなければ折角の問題解決エンジンを使うことができない. どうすればよいか.

つまり, モデリングをどうするかという質問であって, モデリング支援システムのようなものがないか, という質問もよく受ける. ある程度問題の範囲を限定して, たとえば, スケジューリングで, さらに, たとえば多段工程に限定して考える, というのであれば, その目的に役立つモデリングツールを作ることは可能であろうし, 現にそのようなシステムも作られている. しかし, 漠然と組合せ最適化の範疇にあるといった問題を数理的に理解して, それに適した標準問題を選択し, 定式化するというプロセスは, メタ・モデリングとでも言うべき高度な思考を必要とし, 問題領域の専門家とアルゴリズムの専門家の両者が知識と経験を生かして協力しなければ成功しないだろう.

逆に, だからモデリングは面白いとも言える. ある先生が次のようにおっしゃっていたことを思い出す:「もし, 世の中すべてが線形システムででき上がっているのであれば, それらを数学的に正確に記述し解明することができるが, そのかわり単純で予見できる現象しか生じないので, 面白くも何ともない. 幸いなことにこの世の中は大変非線形にできていて, いつまでたっても未知な現象が残っている, だから退屈しないのである」.

組合せ数学の対象は, 非線形の極限とでも言うべきものである. NP 完全とか NP 困難という概念が, これらの問題は一筋縄ではいかないということを述べていると理解すれば, だから面白いのである. これら面白い標準問題を相手

4章 「問題解決エンジン」群とモデリング

にモデリングを考えるのは，当然もっと面白いにちがいない．

しかし，私にはモデリングの面白さについて総合的に述べる力はないので，以下では，実際に標準問題へのモデリングを行った経験の中から，定式化に少々工夫を要したという話題を二つ，簡単に紹介して，お茶を濁させていただく．

もう一度強調しておくと，ここではモデル化すべき標準問題があらかじめ決まっているわけではない．つまり，どの標準問題を選ぶかという問題と，その標準問題へどのように記述するかという二つの問題を解決しなければならない．この二つは独立ではなく，相互にフィードバックを重ねつつ次第に固めていくという面倒なプロセスである．

4.3 標準問題へのモデリング

4.3.1 ルート決定問題 — VRP と SCP

飛行機（列車，バスなど他の交通でもよいが）の操縦士の勤務スケジュールを考える．一人の操縦士に対し，A 空港を出発する便を B 空港まで操縦した後，B 空港から C 空港までの便を操縦し，さらに … という具合に 1 勤務のスケジュールが決まる．このとき，連続する二つの便は，同じ空港に着発するものでなければならないとか，着発の時間の先行関係を満たすものでなければならないという条件，さらに，安全上や勤務条件の考慮から，連続する便の時間間隔，1 勤務の総時間の制約などさまざまな条件が入る．さて，この航空会社が保有している k 人の操縦士ですべての便を飛ばすためのスケジュールを組みたい．

それぞれの便を点で表すと，一人の操縦士の勤務は，これらの点をつなぐ 1 本のルートと考えることができる（図 4.2）．簡単のため，すべての操縦士はデポと呼ばれる特別な点から出発し，同じデポに戻るとする．さて，どの便にも少なくとも一人の操縦士が必要だから，この問題は，すべての点をカバーするように，k 本のルートを構成する問題である．ただし，ルートは自由に作れるわけではなく，ある点（便）から次に訪問する点（便）は，上に述べたさまざまな制約を満たすものでなければならない．

この問題を解くために，二つのアプローチが考えられる．その一つは，一人の操縦士の勤務ルートとして可能なものを，勤務に関する条件を考慮して，あ

4.3 標準問題へのモデリング

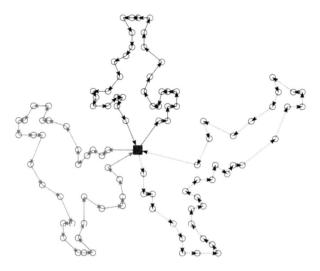

図 4.2 全点をカバーするルート集合

らかじめすべて列挙しておき，それらの中から k 個を選ぶという方法である．もちろん，選ばれたルートを合わせるとすべての便に操縦士が搭乗していなければならない．これは，各ルートをそれが訪問する点の集合と捉えると，選ばれたルート集合の和集合が全集合になるという条件である．すなわち，標準問題中の SCP に定式化できて，SCP エンジンを用いて解くことになる．

もう一つのアプローチは，k 本のルートを，勤務条件を考慮しつつ直接構成するものである．これは，平面上に置かれた顧客を点で表し，k 台のトラックですべての顧客へ荷物を配送するという VRP と同じタイプであって，やはり，VRP エンジンを適用することができる．ただ，各ルートの構成は，上に述べたように勤務条件からくる制約を考慮しなければならないため，ルート構成に工夫が必要である．

この二つの標準問題のどちらを使うかは微妙なところであり，その判断によって，大きな違いが生じる可能性がある．一般的に述べれば，ルート構成の際の制約が厳しく，実行可能なルートの個数がそれほど多くなければ，SCP に定式化したときの規模が大きくないので，SCP の利用が有利であり，逆の場合は，VRP が有利になる．これは，問題のサイズからの考察と共に，VRP のアルゴ

リズムが，ルートを少しずつ修正して改良していく局所探索のアイデアに基づいているため，ルートの制約条件が厳しければ，近傍解の中に改良解を見つけることが困難になって，探索性能が落ちるという理由もある．

交通の勤務スケジュールについて，過去の例を見ると，SCPによるアプローチが多いようである．この場合，SCPエンジンの適用の前に，実行可能ルートの生成を行うルーチンを用意しなければならない．ルート数があまりに多くなると，その中で重要なものを選択するための補助ルールの導入も必要である．簡便法として，ランダムに適当数のルートを選ぶという方法も用いられるが，近似精度が落ちることは避けられない．この部分をどのように作るかでSCPアプローチの成否が決まってくる．VRPのアプローチでは，局所探索にルートの制約条件をどのように組み込むかがポイントになる．通常は，制約の違反度をペナルティの形で組み込みつつ探索を進めることになるが，探索性能が落ちないように，具体的なペナルティの形を慎重に決定しなければならない．

結局，どちらの標準問題を採用するかの判断には，一方では解くべき問題の詳しい知識がまず必要であり，他方，定式化された標準問題のエンジンの動作を理解しておかなければならない．そのためには，現場で解決すべき問題を正確に把握している実務家と，アルゴリズムの動作をよく理解しているエンジン側の専門家が協力して，知識と知恵を出し合う，という共同作業が不可欠である．

4.3.2 巨大構造物の組立 — RCPSPの意外な利用法

RCPSPはn個のジョブを，それぞれのジョブが要求する資源量（機械，作業員，材料，電力，経費など）の制約を満たすように，時間軸上に配置する問題である．多くのスケジューリング問題は，この形式に記述できるので，きわめて利用価値が高い．ここでは，標準的なRCPSPの利用例ではなく，定式化を工夫すると，より広い応用があるという観点から，次の例を紹介する．

細長い工場内にいくつかの構造物（ブロック）を1列に配置して，それらを完成させるという作業を行っている．各ブロックの長さ（工場は細長いので，1次元の問題と考えられる），完成までの作業日数と必要資源量はブロックによって異なるが，あらかじめデータとして与えられている．ブロックは大きく重いので，一度ある場所に置くと同じ位置に留まるが，完成すると工場から出て行

4.3 標準問題へのモデリング

く．さて，すべてのブロックを最少日数で完成するには，どのブロックをいつどの位置に置いて作業すればよいだろうか，そのスケジュールを作れ．

　この問題は，ブロックをジョブと見なせば，標準問題 RCPSP にほぼそのまま定式化できる．しかし，RCPSP にはブロックの位置を決めるという機能は含まれていない．そこで，他の資源に加え，長さも資源の一つと考えて，工場の全長 L を消費するという考えで，RCPSP にかける．ただし，ブロックの配置にはある程度のすき間が避けられないことを考慮して，$0.9L$ 程度に割り引いた長さを実際の全長と考える．この計算で得られたスケジュールでは，長さ資源の和は $0.9L$ 以内に入っているが，ブロックを置く位置はまだ決まっていない．そこで，もう一度 RCPSP を使うが，今度は 1 次元工場における配置位置を示す座標を，スケジュールの時間軸と考えて，この時間軸に沿って再スケジュールするのである．このとき，各ジョブの元の時間軸での位置は動いてはならないが，各位置とジョブに固有の資源を導入することによって，この制約を RCPSP の枠内で実現できるというところがみそである．

　図 4.3 に，左に 1 回目の RCPSP の解を，右に 2 回目のそれを示す．1 回目の解では，ブロックの上下位置は決めていないので，工場の全長からはみ出ているものもあるが，2 回目の計算でブロックを上下に調節して（左右には動かさない）うまく収めているところが見てとれる．すなわち，RCPSP の適用を，変数の取り方を工夫しつつ 2 度行うことによって，直接的には扱えない問題を解いたという例である．

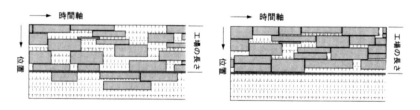

図 **4.3** RCPSP によるスケジュール

4.4 むすび

　我々の問題解決エンジン群も，アルゴリズムの改良の結果，実用的に結構使えるということが認識されてきたせいか，すでに何人かの研究者の方々，数社の企業で利用いただいている．中でも CSP と RCPSP は，汎用性が高いこともあって，利用例が多い．しかし，そのすべてが成功しているわけではなく，やはり，モデリングがうまく行かないと駄目である．うまく行くというのは，問題解決エンジンが高性能を出せるようにモデル化するという意味でもある．改めてモデリングの重要さと難しさを実感している．

　ここでは，紙数の都合で二つの例しか書けなかったが，問題解決エンジンにおけるモデリングの役割を幾分でも伝えることができただろうか．究極的には，モデリング作業の支援システムを作って，このプロセスの簡略化に役立てたいものであるが，すでに述べたように，今直ちに構築可能とは考えていない．しばらくは，典型的なモデリング例を積み上げて，理解を深めるという努力を続けるつもりである．

参考文献

[1] 茨木俊秀：「問題解決エンジン」への道，『応用数理』，Vol.14, No.1, pp.67–70, 2004.

[2] Ibaraki, T. : A personal perspective on problem solving by general purpose solvers, *ITOR* (International Transactions in Operational Research), vol. 17, pp. 303–315, 2010.

[3] 柳浦睦憲，茨木俊秀：『組合せ最適化―メタ戦略を中心として―』，朝倉書店，2001.

5章

都市空間のモデル化

腰塚武志

5.1 はじめに

　都市を構成している様々な建造物は人工的に造られたものであり，これが壊れないように様々な分析がなされてきた．この成果は構造力学という分野にまとめられて今日までに至っており，これらの蓄積の上に立ってさらに技術的進歩が重ねられつつある．ところで，この人工物は何らかの使用目的があって造られているわけだが，その利用からみた分析等は個々には何らかの形でやられてはいるものの，これが一般化されているとはいい難い．個々の建物についてはこれでよいのかもしれないが，大規模な建造物の集合である都市を考えるとき，利用から見た議論を基礎的部分から始めなければならない．そして，これが構造力学ほどではないにしても，この基礎の上にさらに発展が可能なようなものにするために，この基礎に関して議論し続けなければならないだろう．腰塚はこの基礎の一つが以下で展開するような距離分布と通過量分布と考え，様々な空間について論じてきた（文献 [1,2,3,4]）．ここでは簡単なネットワークについて距離分布と通過量分布を導出することから始め，この考えを建物に拡張していく．

5.2 線分上の距離分布，通過量分布

　図 5.1 のように長さ a の線分（直線分である必要はない）を考え，この線分上のあらゆる 2 点を人やものが動くものとする．このとき，2 点のペア (x_1, x_2) の距離が r 以内のものはどのくらいあるのだろうか．このようなことを議論しようとするときは，よく用いられるように，図 5.2 のように 2 次元で x_1 軸 x_2 軸を考えて図 5.1 で表現される状態を図 5.2 の点で表すのがよい．そして 2 点

5章 都市空間のモデル化

の距離が $|x_1 - x_2| < r$ である領域は計算してみると容易にわかるように図5.2の斜線で示された領域 E となっている（文献 [1]）．そこでもし (x_1, x_2) によって交通量に多い少ないがあって交通需要の分布が図5.2の平面上で $\mu(x_1, x_2)$ と表されているとすれば，2点上のペア (x_1, x_2) の距離が r 以内である量を $F(r)$ で表現すれば

$$F(r) = \iint_{|x_1-x_2|<r} \mu(x_1, x_2) \mathrm{d}x_1 \mathrm{d}x_2 \tag{5.1}$$

と表すことができる．

図 5.1 1次元空間の2点

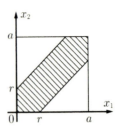

図 5.2 2次元表示

まず基本的なものとして x_1 と x_2 のあらゆるペアを同様に考慮するとして，$\mu(x_1, x_2) = 1$ とすれば，上式の $F(r)$ は図5.2における斜線領域 E の面積を表すことになり

$$F(r) = a^2 - (a-r)^2 = 2ar - r^2$$

となる．そこで丁度ペアの距離が r である量の密度は $F(r)$ が累積なので，これを r で微分することにより

$$f(r) = 2(a - r) \tag{5.2}$$

と求めることができる．つまり丁度距離が r のペアの量は

$$F(r + \Delta r) - F(r) \simeq f(r) \Delta r$$

で表現されることになるわけである．この稿では上記の $f(r)$ を距離 r の点のペ

5.2 線分上の距離分布,通過量分布

アがどのくらいあるかを表す「距離の分布」という言葉で表現することとする.

次に通過量に話を移そう. 先の図 5.1 のところで, 移動は, 移動量の分布 $\mu(x_1, y_1)$ がわかっているとすると, 任意の一地点 x を通過するのは, x をはさんで出発地点と目的地点がある場合だから, この量 $G(x)$ は

$$G(x) = \iint_{x_1 < x < x_2, x_2 < x < x_1} \mu(x_1, x_2) \mathrm{d}x_1 \mathrm{d}x_2$$

と表すことができる. そこでこの関数 $\mu(x_1, x_2)$ がわかれば, 任意の地点の通過量 $G(x)$ を計算することができる. この計算は図 5.3 のような斜線の領域で $\mu(x_1, x_2)$ を積分すればよく, 最も基本的な前提すなわち各点の密度が一様な場合 ($\mu(x_1, x_2) = 1$) ではこの領域の面積となるので容易に

$$G(x) = 2x(a - x) \tag{5.3}$$

となることがわかる. これをグラフで表わすと図 5.4 のようになり, この場合 $x = a/2$ すなわち図 5.1 の線分の中心で最も混雑が激しくなり, このとき $G(a/2) = a^2/2$ が得られる. つまり交通の発生や集中が一様に分布していても中心付近の混雑が最も大きくしかも a の 2 乗に比例するわけである.

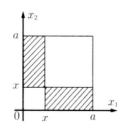

図 5.3 地点 x を通る領域

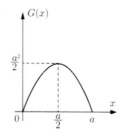

図 5.4 通過量 $G(x)$ の分布

以上は簡単な計算であるが, これでもいくつかの示唆を我々に与えてくれる. 最も重要な点は出発地点や目的地点が一様に分布していてさえ中心が混むということである. 東京の一極集中の弊害の議論で決まって出てくるのは中心に立地する施設の移転であるが, 中心の混雑は中心に位置する施設のみに依って起

こっているわけではない．中心に直接は無関係ながらそこを通過する量が中心で多くなることにも依存している事実をこの結果が示している．

5.3 閉曲線上の距離分布，通過量分布

さて前節の議論を線分の二つの端点を結んで，図 5.5 のような閉曲線にしたらどうなるだろうか．長さが同じでも人が通るということから変化が起きることは容易に想像がつくだろう．

まず距離分布に関しては，図 5.2 で議論した部分を少し変えればすぐ計算することができる．端の 2 点が結ばれたため，どんなに長くてもこの閉曲線間の 2 点の最短距離は長さの半分 $a/2$ 以上にはならない．そこで $|x_1 - x_2| > a/2$ のときは，結ばれた方を通るので距離は $a - |x_1 - x_2|$ となる．そこであとは x_1 と x_2 の大きさの場合分けを考えれば，x_1 と x_2 の距離 $D(x_1, x_2)$（以降距離とは最短距離をいうものとする）が r 以内である領域は図 5.6 の斜線部分のようになり

$$F(r) = \int_{D(x_1,x_2)<r} dx_1 dx_2 = 2ar - r^2 + r^2 = 2ar$$

が得られる．そこでこれを r で微分した距離分布は

$$f_c(r) = 2a \quad (0 < r < a/2) \tag{5.4}$$

となり，一様な分布となることがわかる．

次に通過量分布だが，これは距離分布のときの図 5.6 のような座標を用いても計算できるが，簡単なために以下のように座標 x_1, x_2 を計算しやすい y_1, y_2

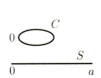

図 5.5 長さ a の閉曲線

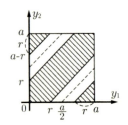

図 5.6 距離 r 以下の領域

5.3 閉曲線上の距離分布, 通過量分布

に変換する. すなわち通過点 x は閉曲線の場合, どこにとっても同じなので, 図 5.7 のように y 座標を導入し, y 座標の原点を通過地点 x とする. そして一つの点 y_1 の座標を原点から時計回りに 0 から a までとし, 他の点 y_2 については反対に原点から反時計回りに 0 から a とする. すると原点 (x 地点) を通る 2 点 y_1, y_2 のペアーについては, 原点を通らないよりも原点を通った方が近いので, この場合は $y_1 + y_2 < a - (y_1 + y_2)$ となり, このとき $y_1 + y_2 < a/2$. 他の場合は y_1 や y_2 が a に近い, すなわちぐるっと回って原点に近づいたときで, このときは $(a - y_1) + (a - y_2) < a/2$ なので $y_1 + y_2 > 3a/2$ が成り立つ. よって地点 x を通る通過量 $G_c(x)$ は図 5.8 の斜線部分となり

$$G_c(x) = \int_{y_1+y_2<\frac{a}{2},\ y_1+y_2>\frac{3}{2}a} dy_1 dy_2 = \frac{a^2}{4} \tag{5.5}$$

が得られる.

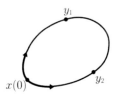

図 5.7 座標の変換

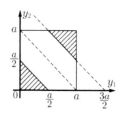

図 5.8 原点を通る領域

ここで前節の結果と比較するために, 両方とも長さ a の線分 s と両端がついた閉曲線 c があるものとし, この両者について距離分布と通過量分布を比較するとそれぞれ図 5.9, 図 5.10 のようになる. これをみると閉曲線 (環状線) の場合, 距離分布も通過量分布も一様であり, 環状線が基本的なパターンであるとみなすことができよう.

ところで距離分布と通過量分布は無関係ではなく, 距離の最大値を R, 対象領域を D とすると

$$\int_0^R r f(r) dr = \int_{x \in D} G(x) dx \tag{5.6}$$

5章 都市空間のモデル化

が成立している．左辺の $f(r)\Delta r$ が距離 r の点のペアを表しているので $rf(r)\Delta r$ は丁度距離 r のペアが移動する量であって，左辺の積分は，総移動距離を表している．右辺の $G(x)\Delta x$ は丁度 x 地点を通過するペアに区間 Δx をかけたものであり，右辺の積分も総移動距離となっていることはうなずけよう．最も簡単な上の例では，線分 s のとき

$$\int_0^a rf(r)\mathrm{d}r = \int_0^a 2r(a-r)\mathrm{d}r, \quad \int_0^a G(x)\mathrm{d}x = \int_0^a 2x(a-x)\mathrm{d}x$$

なので式 (6) をみたし，閉曲線 c においても

$$\int_0^{a/2} rf_c(r)\mathrm{d}r = \frac{a^3}{4}, \quad \int_0^a G_c(x)\mathrm{d}x = \frac{a^3}{4}$$

なので，同様に式 (5.6) が成立していることはわかるだろう．

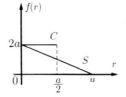

図 5.9 距離分布

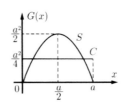

図 5.10 通過量分布

5.4 放射状ネットワークと格子状ネットワークの比較

これまでの考え方を用いて簡単な放射状ネットワークと格子状ネットワークにおいて距離分布と通過量分布を算出し，両者を比較しよう．図 5.11 のように長さが同じ放射状と格子状のパターンを考え，両者の中で同じ部分を実線，互いに異なる部分を破線で示してある．この破線によるパターンの組成の違いにより，距離分布や通過量分布はどのように変化するだろうか．詳しい計算は文献 [2] にあるので詳略するが，結果は両者の距離分布を放射状を R，格子状を G として表すと図 5.12 のようになる．また両者の通過量分布は，交差点の通過量（図中黒丸で表示）も合わせて鳥瞰図のように表示すると図 5.13 のように

58

5.4 放射状ネットワークと格子状ネットワークの比較

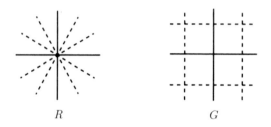

図 5.11 放射状 R と格子状 G のパターン

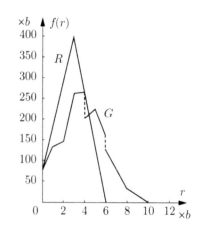

図 5.12 放射状 R と格子状 G の距離分布

なる.

まず,距離分布をみると放射状の方が格子状よりもよりコンパクトなことがわかる.放射状の場合,隣合う線分の端点から端点までは中心まで行ってからでないと到達できず,迂回の程度が多いように思われるかもしれないが,全体としては格子状よりもまとまっているのがはっきりする.さらに通過量分布をみても中心を除けば,放射状の方が格子状よりも通過量は少ない.ただ中心における通過量は放射状の方が格子状よりもはるかに大きい.したがって中心の通過量をどうさばくかが放射状に課せられた大きな課題であるということができるだろう.

一方,格子状の通過量分布をみると,端点を含む線分を除けば,通過量はほぼ

5 章　都市空間のモデル化

図 5.13　放射状 R と格子状 G の通過量分布

同じである．したがって，これは以前議論した閉曲線の通過量分布に似ている．そして格子状の交差点の通過量はそれほど大きくはない．図 5.13 をみると格子状は通過量を各交差点に分散させている，ということができる．また通過量が多いことは一概に悪いことではなく，町のにぎわいを創出する場合，グリッドパターンの通過量は様々な示唆を与えてくれる．

文献 [2] では手計算で二つの分布を関数として表現することを心がけた．しかしコンピュータを用いれば一般のネットワークでも計算可能であり，これについては文献 [4] を参照されたい．

5.5　建物内の距離分布

同じ床面積を持つ建物でも，高層なものと低層なものとではどこがどのように異なるだろうか．ここではこの高層なものと低層なものをこれまでの考え方を基にして建物内の移動という視点からのみ見て，その特徴を議論したい．

建物内部では百貨店であれオフィスであれ，ある地点からある地点を直線で移動するよりは，図 5.14 で示されるように rectilinear 距離で移動するものと考えられる．そこでまず長辺が a，短辺が b の長方形の内部に図 5.14 のように x 軸と y 軸を定め，任意の 2 点をそれぞれ $(x_1, y_1), (x_2, y_2)$ とする．

次に同じく図 5.15 のように長辺が a，短辺が b の長方形を縦に高さ h の間隔

5.5 建物内の距離分布

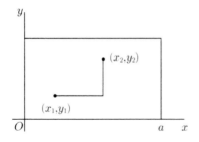
図 5.14 平面における移動距離

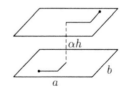
図 5.15 異なる階の移動距離

で積み,階の違う2点間の距離を求めよう.異なる階の移動地点はどこを想定しても計算できるのだが,ここでは,最も簡単な場合として中心で移動するものとする.また垂直方向の距離は水平方向と垂直方向の速度が異なるため,移動時間からみた水平方向の距離に換算するために係数 α をかけて,αh とする.

以上の前提から距離分布を導くことができ,これらは距離 r の多項式で表されるが,場合分けが多く分布式をいちいち書くと冗長になるので,式等は参考文献 [1] に譲るとして,結果を1階から6階までの建物を図 5.16 で,距離の分布を図 5.17 で示すことにする.ただし総面積を 100 m×100 m,1階分の高さ(階高)を 4 m,垂直方向の移動は階段を徒歩あるいはエスカレーターですることにし,その速さを水平方向の 1/5 として $\alpha = 5$ としてある.これをみると,まず最も距離の近い部分のペアの量は同じものの徐々に低層の方のペアの量が

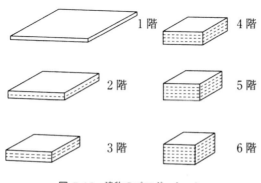
図 5.16 建物のプロポーション

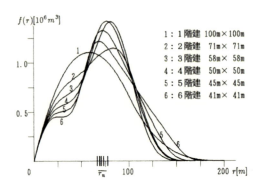

図 5.17 距離分布の比較

多くなり,ついで平均値をすぎたあたりの距離で 3,4 階のピークが顕著になり,長い距離は 1 階建てや 6 階建てが多いということになっている.

距離 r の平均値は式 (5.2) より,1 階の距離分布の平均値を $\bar{r}_1$ とすると

$$\bar{r}_1 = \frac{1}{3}(a+b)$$

と計算できる.また,別な階への移動について水平方向の距離の平均値を個々に計算すれば

$$\bar{r} = \frac{1}{2}(a+b)$$

が得られる.そこで n 階の建物については k 階分の差の組合せが $2(n-k)(k=1 \sim n-1)$ であることに注意すると,一つの階の平面の長辺が a,短辺が b で n 階の建物について,その距離の平均値 $\bar{r}_n$ は

$$\bar{r}_n = \frac{3n-1}{6n}(a+b) + \frac{(n-1)(n+1)}{3n}\alpha h \tag{5.7}$$

となる.そこで総床面積を一定,一つの階の平面の形は相似であると考えると,n 階の建物の一つの階の長辺を a_n,短辺を b_n とすれば,$a_n = a_1/\sqrt{n}, b_n = b_1/\sqrt{n}$ であり,$a_1 b_1 = n a_n b_n$(総床面積一定)となっている.この a_n, b_n を式 (5.7) の a, b に代入すれば,床面積一定の場合の距離の平均値を

$$\bar{r}_n = \frac{3n-1}{6n\sqrt{n}}(a_1+b_1) + \frac{(n-1)(n+1)}{3n}\alpha h \tag{5.8}$$

と書くことができ，これをもとにこの場合の平均値を計算すると，1 階から 6 階までは平均値は n が大きくなると少し増加するものの，ほとんど差はない．

式 (5.8) の右辺第 1 項は平面の移動に関するものであり，第 2 項は垂直方向の移動時間を平面距離に換算したものである．垂直方向の移動にエレベータを用いると式 (5.8) の第 2 項は変化するが第 1 項は変わらない．そこで第 1 項のみをとり上げて，この距離を 1 階建てのときの距離の平均値 $\frac{1}{3}(a_1 + b_1)$ との比で表して R_n とすれば，式 (5.8) よりこれは

$$R_n = \frac{3n-1}{2n\sqrt{n}} \tag{5.9}$$

となる．これをみると 6 階建ての場合 R_n はほぼ 0.58 となり，平面を歩く距離が平均ととして 1 階建ての 58 % になることを示してる．さらに n が大きくなれば近似的に

$$R_n \sim 3/(2\sqrt{n}) \tag{5.10}$$

となり，この比率は $\sqrt{n}$ に従って減ることがわかった．

建物がデパートの場合を想定し，衝動買いが上記平面上の歩く距離に比例するとすれば，式 (5.9) のところの計算は同じ床面積でも 6 階建てにおける衝動買いは平屋の 6 割に減るということを意味している．もっと話を一般的に，人が偶然出会うのが都市的空間であり，この出会いは水平方向の移動時に限られるとすれば，建物の階数 n が大きくなるにつれ，式 (5.10) に従って本来の都市的空間の機能は希薄になっていく．そしてやがて建物は偶然の出会いなど期待できない空間の「装置」のようなものになっていくのではないだろうか．

5.6 おわりに

本稿では，まず簡単な線分において距離分布と通過量分布についてある程度詳しく論じた．この考え方を基にネットワークや建物そして都市空間にまで拡張したいのだが，紙面の都合もあり，簡単なネットワークや建物について結果だけを図示した．

ここでは距離の分布や通過量の分布を求める際，起点や終点を一様としてい

る．実際の都市では活動量が一様であることは少ないので，一様とする前提が単純すぎるという指摘を受けることがある．しかしここで議論しているのは実際の活動量ではなく活動が展開する場としての空間をモデル化し，その性質を議論したいわけである．つまり最も基本的なものとして，どこにも重みをつけないで，どこでも等しい可能性を持つものとして一様な場合を計算している．

　5.5節で論じた建物の性質（式(5.10)）については発表時に通産省（当時）の方から「大蔵省（当時）と通産省の差はここにあるんだ」という感想を頂いたり，IFORS (International Federation of Operational Research Societies, OR の国際会議) ではアメリカ人から「MITやペンタゴン（国防省）の建物が低いのはこの理由だろう」というコメントを頂戴した．このことから空間の「モデル化」にある程度成功したものと思っている．

参考文献

[1] 腰塚武志：建物内の移動距離からみた低層建物と高層建物との比較,『日本都市計画学会学術研究論文集』, 31号, pp.31-36, 1996.
[2] 腰塚武志：移動からみた放射状と格子状ネットワークの比較,『日本都市計画学会学術研究論文集』, 第34号, pp.763-768, 1999.
[3] 腰塚武志：移動からみた空間の分析,『日本オペレーションズ・リサーチ学会第53回シンポジウム予稿集』, pp.84-102, 2005.
[4] 田村一軌, 腰塚武志：道路網上の距離分布と流動量分布に関する基礎的研究,『日本都市計画学会学術研究論文集』, 35号, pp.1021-1026, 2000.

6章

理論家にとっての数理モデル

小島政和

6.1 はじめに

　この章は，本書のテーマ「モデリング」からはかなりずれています．私自身は数理計画（最適化）の理論と手法が専門で，いわゆる実社会でのモデリングに携わった経験はほとんどありませんし，モデリング技術に対する知識も貧弱です．そんな理由で，タイトルを「理論家にとっての数理モデル」として，理論から応用に至るまでの数理計画モデルの研究のさまざまな局面を私の経験を含めて述べてみたいと思います．数理計画の研究者を目指す"若い人へのメッセージ"になれば良いとも思っています．ただ，私にとって最適化を語るのは慣れていますが，若者へ伝わるようなメッセージが書けるかは，はなはだ不安です．文章はかなり皮肉っぽく聞こえるかもしれません．それは，私の個性の主張であり，一様な考え方への抵抗としてとらえて下さい．数学ではありませんので正しい理論はありませんし，考え方を押し付ける気もありません．

6.2 人生＝最適化モデル？

　私が研究者を目指したのは学部4年生の頃です．その頃すでに，最適化分野で伊理正夫先生，そして，新進気鋭の茨木俊秀先生，今野浩先生が国際的な活躍をなさっていらっしゃいました．「いつか私もこのような偉大な研究者に」との夢を持ったと同時に，私の能力では彼らに太刀打ちできないし，決して追いつけないだろうと強く感じました．特に，東大や京大出の秀才と全面的に競ったらまず勝ち目はありません．ただ，私の能力をごく狭い範囲に集中し，他を切り捨てれば私にもチャンスがあるかもしれません．私が使える資源や能力は

---

* 本稿の原記事は，『オペレーションズ・リサーチ』（2005年8月号）に掲載された．

6章 理論家にとっての数理モデル

有限です.時間も有限です.したがって,互いに関連が薄い多様なことに資源,能力,時間を分散してしまえばどれも達成度は低くなるはずです.目標を絞ってそれに集中し,それ以外は極力切り捨てましょう.そんな理由で,研究以外のさまざまなものへ費やす時間が極めて少なく抑えられて来ました.そのような人生の送り方を若者に勧めているわけではありませんが,そのような人生を送る若者があってもよいでしょう.あなたが天才でない限り,多くのことで秀でることはできません.したがって,多様なことをバランスよく適当なレベルで楽しむのもよいし,絞り込んだことに全精力を集中して使うのも人生です.

最適化問題(数理計画問題)は

目的:$f(\boldsymbol{x}) \to$ 最小化

条件:$\boldsymbol{x} = (x_1, x_2, \ldots, x_n) \in S$

と書けます.ここでは,f を n 個の決定変数 $x_1, x_2, \ldots, x_n$ に関する実数値関数で目的関数,S を許容領域(実行可能領域,制約領域)と呼びます.私が主として研究してきたのは連続最適化問題で,目的関数 f は連続微分可能な関数で,許容領域は有限個の不等式を用いて,

$$S = \{\boldsymbol{x} : g_i(\boldsymbol{x}) \leq 0 \quad (i = 1, 2, \ldots, l)\}$$

のように記述されます.ここで,g_i は連続微分可能な関数です.最適化問題に登場するすべての関数が凸関数であるとき,最適化問題は凸最適化問題と呼ばれます.凸計画問題では,局所的な最適解が大域的な最適解に一致し,局所的に目的関数が小さくなる方向へ動き続けることで大域的な最小解まで到達できる比較的やさしい連続最適化問題です.これに対して,非凸最適化問題では局所的な努力では局所的な最小解までしか到達できず,大域的な最小解を計算するのは困難とされています.凸計画問題はそれ自身で実社会への非常に多くの応用があるし,より困難な非凸最適化問題や離散最適化問題を解くための道具としても重要な役割を果たしています.

人生をこのような単純な最適化問題で記述することはできません.ほとんどの目標は実数値では表せないでしょうし,決定も n 個の決定変数で制御することはできないでしょう.ましてや,局所的な努力で大域的な最適解に到達でき

るほど単純ではありません．それでも，さまざまな目標を数え上げることはできます．可能な決定の範囲を設定することや，よりよい決定を模索することができます．このような過程を通じて，本当にやりたいことに目的を絞り込むことや，冷静で合理的な判断に基づいたよりよい決定が可能になるのではないでしょうか．

6.3 君の目的は何ですか？

　修士入試の面接では，しばしば，「大学院に入る目的は？」，あるいは，「卒業後の将来の目標は？」と質問します．予期したこの質問に，「学部時代の勉強では不十分で，大学院でより高度な研究をしたい」というような典型的な答えが返って来ます．具体的に長期目標を挙げることができる学生は少なく，大半の学生は定まっていません——多くの場合，だから大学院へ進むことを選んだのでしょう．彼らは真剣に自分の人生を意識しているのでしょうか？ しかし，学生が「先生の人生の目標は何ですか？」と逆襲したとすると，具体的に即答できるでしょうか．我々は目標，目的を持っているでしょうが，それらは曖昧で，明確に記述するのは容易ではありません．一人の個人をとっても多目的だし，その個人が集まった複雑な組織ともなれば目的を具体的に定めて全員の合意を得るのは至難の業でしょう．時間とともにも変化をします．短期目標，中期目標，長期目標といろいろあります．国立大学の独立行政法人化に関わってこられた方は，大学の"中期目標"をいやになるほど見聞きしてきたことでしょう．

　実生活では，明確な目的を意識することなく，前もって決められた手順，習慣に従って行動し，さまざまなことをやってのけています．朝起きて仕事に出かけます．時間が来れば昼食をとります．それでも，今日は何をしよう，今月中に論文を仕上げようなどと目的，目標を定めるでしょう．目的，目標を設定しない限り，"最適化"は始まりません．それらを明確にすることはあらゆる場面で最も重要なことでしょう．目的，目標を明確にしないで，手段やアルゴリズムを論じる人たちがいます．意外にも数学を専門とする研究者がそのような議論を開始したのに何回か遭遇しました．まず，何をやりたいのか，次に，それを達成するための手段の話をしましょう．

6.4 理論と応用

　論文発表会で「どのような応用があるのですか」との質問がしばしば出ます．理論家は常に応用を意識すべきでしょうか．数理計画を工学としてとらえれば答えは "yes" だし，数学としてとらえれば "not necessary" でしょう．しかし，そんなに簡単な話ではありません．まず，応用という言葉が曖昧です．多くの場合，質問者の意図は工学的に実社会の進歩に貢献しますかとの意味でしょう．私の研究に関連していくつか例を挙げましょう．私の学位論文，およびその直後の研究は，相補性と不動点アルゴリズム（Brouwer や角谷の不動点を区分的線形近似を用いて解く狭い意味での不動点アルゴリズム）に関するものでした．一般の非線形計画問題の Karush-Kuhn-Tucker 条件が相補性問題に帰着されます．また，経済均衡等から生じる非線形方程式系の解が不動点アルゴリズムで計算できます．応用はあります．1960 年代から 1970 年代後半にかけて多くの研究者がこのテーマの研究に携わり，大量の論文が生産されました．しかし，現在では，当時の不動点アルゴリズムは死滅してしまっています．理由は，非線形計画問題を相補性問題に帰着して解くことなどはしないし，数理経済では均衡の存在は議論するが数値計算にはほとんど興味が持たれなかったことにありました．つまり，応用先での需要がなかったのです．上述した応用という側面からは不合格でしょう．しかし，後述するように，相補性と不動点アルゴリズムを理論的に支えるホモトピー法（連続変形法）という考え方は私の将来のより重要な研究へと結びついています．

　1978〜1979 年に Wisconsin 大学数学研究所に留学した際に，非線形計画問題の解の安定性に関する研究をしています．これは理学的な色彩の強い仕事で，直接は工学的な応用と結びついていません．非線形計画問題の解の安定性に関する基本的な仕事です．ここでは，応用という側面より普遍的な理論そのものが評価されています．

　1984 年に Karmarkar による内点法が発表されて，それを刀根薫先生が日本に紹介して下さいました．研究テーマの枯渇状態にあった私は，水野眞治君（現東京工業大学），吉瀬章子さん（現筑波大学）を誘って，内点法の研究を始めました．ここでは OR の最も基本的モデルである線形計画問題の数値解法が対象

です．したがって，応用は？と聞かれる心配はありません．数年後に3人で主双対内点法を発表しています．この方法は，Karmarkarの内点法に双対性・相補性を持ち込んで作った非線形方程式系を，上述の死滅した不動点アルゴリズムで骨幹をなしていたホモトピー法で解いていると解釈できます．この主双対内点法は超大規模な線形計画問題を高速に解く方法として定着しています．

1990年代に入って半正定値計画がはやり始めました．この問題は線形計画問題の変数ベクトルを対称行列変数に拡張した問題で，線形計画問題の他，凸2次計画問題をも含む一般的な凸最適化問題です．当時は，制御分野への応用はありましたが数学的な色彩の強い最適化問題として登場しました．しかし，面白いことに，主双対内点法がこの問題に拡張され，規模の大きい半正定値計画問題が解けると分かるにつれて，応用がどんどん増えていきました．現在では，ロバスト最適化問題や，より複雑な非凸最適化問題を解くための強力な道具として使う研究（半正定値計画緩和）も行われています．

さて，理論家はどんな数理モデルを対象として研究すれば良いのでしょうか．誰でも半永久的に残るような研究をしたいと思っていることでしょう．そのためには，理論家は工学的に広い分野をカバーする普遍的な数理モデルを対象に選ぶことが重要だと思っています．普遍性を欠き，特殊な問題になるほど応用が問われるでしょう．不動点アルゴリズムが消滅してしまったのは，そこでの数学が先行して，工学的な応用が追随して行かなかったことによるのでしょう．

6.5 アルゴリズムの提案と実装

数理計画に限ったことではありませんが，ソフトウェアを公開し，それを維持するのは大変な仕事です．膨大な時間とマンパワーを必要とします．ここでは，提案したアルゴリズムのために行う計算実験と不特定多数のユーザを対象として公開するソフトウェアの区別をしなければなりません．前者は比較的容易な仕事です．解くべき問題のデータの疎性を無視し，MATLAB等の簡便な言語を使ってプログラムを組むことも許されます（数多くの本格的なソフトウェアがMATLABを用いて構築され，公開されていることも付け加えておきます）．実際，preliminary numerical resultsと称して，乱数を使った小規模な問題に

6章 理論家にとっての数理モデル

対して，開発したアルゴリズムが有効に働くことを示す場合も多く見受けられます．より大規模な問題を解くためには，データの疎性，数値的安定性等のさまざまな要因に気を配らなくてはなりません．さらに，プログラムをソフトウェアとして公開する場合には，ユーザインタフェースを作り，マニュアルも書かなければなりません．残念ながら，それだけの努力に対して報いるものが少ないのが現状です．つまり，優れたソフトウェアを研究業績として高く評価するという慣習が定着していません．皮肉な見方をすると，提案されたアルゴリズムのほとんどは，ソフトウェアにするだけの価値がないと言えるのかもしれません．言うまでもなく，優れたソフトウェアを残すことは非常に重要です．ソフトウェアは最適化の"最終生産物"，実際の応用とのインタフェースです．研究者を優れたソフトウェア作成に引きつけるには，ソフトウェアの評価を高める必要があると感じています．

主双対内点法を提案した数年後に，当時，修士の学生であった斉藤努君（現構造計画研究所）が主双対内点法を計算機に実装しました．この実装はかなり計算効率のよいものでしたが，彼が卒業してしまった後，ソフトウェアとしてそれを維持する努力をしませんでした．このことは，今でも心残りです．もし，彼の作ったソフトウェアを維持し，改良することができていれば，米国の研究者によって実装されたソフトウェアと競っていたかもしれません．しかしながら，当時の私の研究室にそれだけの力はありませんでした．この苦い経験は提案したアルゴリズムの実装，ソフトウェア化が重要であることを私に教えてくれました．

進藤晋君（現神奈川大学），原辰次先生（現東京大学）とともに主双対内点法を半正定値計画問題へ拡張したときには，幸運にも博士課程に藤澤克樹君（現九州大学）がいました．彼は修士時代に組合せ最適化問題に対するアルゴリズムを計算機へ実装した経験を持っています．ソフトウェアを作ることに研究の価値を見い出しています．まず，Mathematica を用いて半正定値計画法に対する主双対内点法をプログラム化しました．オブジェクト指向を勉強しながら，このプログラムを C++ に移植したのが，現在の SDPA(Semidefinite Programming Algorithm) の原型です．この段階ではまだ計算実験用のプログラムでしかありませんでした．その後，藤澤克樹君，中田和秀君（現東京工業大学）を中心と

して，データの疎性の有効利用技術が組み込まれ，大規模な半正定値計画問題を高速に，かつ，安定して解くことができるようになりました．さらに，福田光浩君（現東京工業大学），山下真君（現東京工業大学），二方克昌君（現バージニア大学），小林和博君（現海上技術安全研究所），中田真秀君（現理化学研究所）も加わってSDPAの維持，改良を続けています．他のソフトウェアと競合する状況で，ソフトウェアを維持することは非常に大変な仕事ですが，我々のソフトウェアが使われているのを知るのは大きな喜びです．

6.6 オリジナリティと評価基準

　卒業論文や修士論文の発表会で「君の研究のオリジナリティは何かね」といった質問をよく耳にします．オリジナリティは"他人が考えつかないような斬新さ"とでもいった意味でしょうか．でも，曖昧です．先の質問に対して学生が答えた後に，教授が「それは当たり前ではないですか」と指摘し，一瞬の重苦しい沈黙が流れる場面にたびたび遭遇します．オリジナリティがあるか否かの評価は人によってさまざまです．まして，研究歴に大差がある大教授と学生では全く異なるでしょう．たいていの場合，言われてみれば当たり前ということが多いのです．あるいは，その学生が導出した経緯には斬新なアイデアが含まれてはいるのですが，結果は当たり前で，別な見方からは自明に導出されるということもしばしば起こります．

　では，論文で一番大切なのはオリジナリティでしょうか．少なくとも論文の目的はオリジナリティではありません．論文が関与する分野，さらに，より広い学術の進歩への貢献，インパクトを狙っています．オリジナリティはその一側面にすぎません．オリジナリティがなくてもインパクトを与えることはできるでしょうし，オリジナリティがあってもインパクトを与えるとは限りません．たとえば，上述したソフトウェアでは，オリジナリティという観点よりも，汎用性，計算効率，数値的安定性，使い勝手等がより重要な評価基準でしょう．ソフトウェアの背後にあるアルゴリズムやプログラミング技術のオリジナリティは，それらにプラスに働かない限り意味がありません．

6章 理論家にとっての数理モデル

6.7 一般化と拡張の功罪

　理論家はすぐに一般化したがりますが，それがインパクトを与えるとは限りません．さらに，それがマイナスとして働くこともあります．主双対内点法のときの経験を書きましょう．6.4節で述べたように，最初の主双対内点法は線形計画問題を対象として書きました．その後の改良版，および，ポテンシャル減少主双対内点法は線形相補性問題を対象として書きました．線形相補性問題は線形計画問題凸2次計画問題を含む一般的な数理計画問題ですが，線形計画問題と比較するとポピュラーではありません．改良版で理論計算量を高めたこと，およびポテンシャル関数を主双対内点法に導入したことで内点法の発展に貢献しています．この際，線形相補性問題へ拡張したことも理論家の間では評価されたようですが，線形計画に携わる他の多くの研究者への浸透度を低めてしまったように感じています．野間俊人君（現防衛庁）を含めて，主双対内点法をさらに非線形相補性問題に拡張しています．この問題は凸計画問題までを含むより一般的な問題ですが，研究者の数も少なく，数年後から始まった凸計画問題に対する主双対内点法への拡張では無視されてしまったようです．先の例が示しているように，需要のほとんどない一般化・拡張はあまり意味がありません．一般化・拡張が大きな意味を持つのは拡張先での需要に大きく依存しています．しかしながら，多くの場合，一般化あるいは拡張した時点でそれが有用か否かは見えません．前述したのは効果が上がらなかった例ですが，主双対内点法を半正定値計画問題に拡張したのは成功例です．いずれの場合にも拡張した時点では先が見通せたわけではありません．

6.8 おわりに

　数理計画法の研究のさまざまな話題を私の経験を交えて書いてきました．どの節でも多様な見方があることを指摘したのが主で，特に，結論はありません．私の基本的な考えを一つ選ぶとすると，"まず，何をしたいか，次にそれを達成するための最良の手段の選択"です．

7章
均衡問題の数理モデル

福島雅夫

7.1 はじめに

　一般に「モデリング」という言葉から連想されるものは人によってさまざまであろうが,「ORモデリング」あるいはもう少し限定して「最適化モデリング」といえば,多くの人は「現実の問題を,数式やグラフなどの数学的道具をもちいて,実際に答えが計算できる最適化問題に定式化すること」だと考えるであろう.筆者はこれまで企業,役所,病院など問題解決の「現場」で,上のような意味でのモデリングに携わった経験はほとんどなく,もっぱら大学の研究室で最適化の理論やアルゴリズムに関する研究に従事してきた.したがって,「ORモデリング」や「最適化モデリング」の方法や技術を語る資格も能力ももたないが,筆者なりの立場から「モデリング」あるいは「モデル」について,自身の経験を交えながら述べてみたい.

7.2 最適化モデリングと数理工学

　筆者は学生時代から現在に至るまで,ほぼ一貫して「数理工学」と呼ばれる教育研究ユニットで仕事をしてきた.最近移った大学では「理工学部システム数理学科」という名前の学科に属しているが,これも「数理工学」の一種とみなせるところである.数理工学は工学部の中にあるが,他の工学分野とは大きく異なる特徴がある.それは,他の工学分野のように当該分野に固有の具体的な問題を直接取り扱うのではなく,さまざまな問題に共通する「構造」に注目して,その構造をシステム表現した「数理モデル」に対する方法論を取り扱うということである.ここで「システム」に「交通システム」,「通信システム」,「生産システム」のような形容詞が付かないことがポイントで,それが具体的に

現実のどのような問題を表しているかを意識せず，いわば無味無臭のシステムとして取り扱うのである．そのような数学モデルは抽象的なので，それに対するアプローチは当然ながら理論的なものになりがちである．しかし，数理工学は「工学」であるから，単なる理論的興味ではなく，現実の問題解決に役立つか，という視点を重視する．これが，数理工学的アプローチの基本的なスタンスである．

　そのような数理工学の立場から「最適化モデリング」に寄与する道は，工学に限らず自然科学・社会科学などさまざまな分野の問題のモデリングに対応できる基本的な数理モデルの品揃えをすること，そしてそれらの数理モデルに対する計算法（アルゴリズム）を開発し，その有効性と限界を明らかにすること，の2点に要約されるだろう．数理モデルは，それが現実の問題をどれだけ良く表すことができるかというモデリング能力と，その数理モデルに対してどれだけ効率的で頑健な手法や計算アルゴリズムが利用できるかという一種の操作性の良し悪しによって評価される．特に，後者に関していえば，アルゴリズムの開発や改良を行い，その有効性と限界を明らかにすることは，そのアルゴリズムが適用される数理モデルの付加価値を高めることに直結する．さらに，アルゴリズムの発展が新たな数理モデルの確立につながることもある．たとえば，内点法は線形計画問題に対するアルゴリズムとして登場したが，その基本的な考え方は半正定値計画問題や2次錐計画問題といったより一般的な問題に対しても有効に適用できることが明らかになった．そして，その事実が現実のさまざまな応用領域の発掘を促し，半正定値計画問題や2次錐計画問題が最適化の新たな数理モデルの地位を獲得した．これは数理モデルがアルゴリズムの発展によってもたらされた好例といえるだろう．このような意味で，最適化の数理モデルにおいてアルゴリズムは不可分のものであるということができる．

7.3　均衡問題の再定式化 —— 数理モデルのパラダイムシフト

　筆者が最適化の研究を始めてほどなく取り組んだテーマは微分不可能な最適化問題のアルゴリズムであった．しかし微分不可能な最適化問題というのは抽象的な数理モデルであり，そのままでは提案したアルゴリズムが現実の問題解

7.3 均衡問題の再定式化 — 数理モデルのパラダイムシフト

決に役立つと主張することはできない.そこで,具体的にどのような現実の問題に応用できるかと思って調べているうちに見つけたのが,交通流割当て問題と呼ばれる問題であった.

交通流割当て問題とは,道路ネットワークのユーザ(車)が,それぞれ自分の出発地から目的地まで最短時間で到達できる経路を選択するという,いわゆる Wardrop の原理にしたがって行動したとき,道路ネットワークにどのような流れが発生するかを求める問題である.道路が空いていれば,どの車も出発地から目的地への最短経路を選ぶのが最善であるが,道路が混雑してくると,それまでは最短時間であった経路が渋滞により必ずしも最短でなくなり,別の経路を選択するほうがより短時間で目的地に到達できるようになる.このような状況のもとで,各ユーザがどのような経路選択を行い,その結果どのような交通流が発生するかをモデル化するには,道路網を構成する各道路を通行するための所要時間(旅行時間)をその道路の交通量の関数と考える必要がある.その結果得られる数理モデルが非線形多品種最小費用流問題であるが,そのモデル化においては,各道路の旅行時間はその道路上の交通量のみに依存すると仮定される.しかし,一般に,ある道路の旅行時間は,その道路の交通量だけでなく,それと交差する道路など他の道路の交通量にも影響されると考えるのが自然である.その場合,非線形多品種最小費用流問題はもはや妥当ではなく,新しい数理モデルが必要となる.

そこで登場したのが変分不等式という画期的な数理モデルである.変分不等式はもともと連続体力学の特別な問題のモデルとしてもっぱら数学者によって研究されていたが,1980 年近くになって,有限次元の変分不等式が Wardrop の原理に基づく新しい交通流均衡モデルとして使われるようになり,OR モデルに変分不等式モデルという強力なメンバーが新たに加わった.筆者が初めてそれを目にしたのは Dafermos の論文 [2] であったが,そこで見た変分不等式モデルのシンプルさに強く惹かれた.それ以来,現在に至るまで,変分不等式やそれに関連する問題,いわゆる均衡問題は筆者にとって中心的な興味の対象のひとつであり続けている(特に交通流均衡のさまざまな数理モデルについては文献 [3] を参照されたい).

7章 均衡問題の数理モデル

ORで取り扱われる変分不等式は

$$F(x)^{\mathrm{T}}(y-x) \geq 0 \quad \text{for all } y \in S \tag{7.1}$$

を満たす点 $x \in S$ をみつける問題と定義される.ここで,$F: \mathbb{R}^n \to \mathbb{R}^n$ はベクトル値関数,$x \in \mathbb{R}^n$ は n 次元変数ベクトル,S は n 次元空間 $\mathbb{R}^n$ の閉凸部分集合,T は転置記号である.変分不等式それ自身は最適化問題ではないので,「最適化モデル」ではなく「均衡モデル」に分類される.

均衡モデルは最適化モデルとならぶ重要な数理モデルのひとつであり,両者は密接に関連している.次の方程式系は最も基本的な均衡モデルである.

$$F_i(x) = 0 \quad (i = 1, 2, \ldots, n) \tag{7.2}$$

ここで,$F_i: \mathbb{R}^n \to \mathbb{R}$ $(i = 1, 2, \ldots, n)$ である.方程式系 (7.2) において,任意の点 x が式 (7.2) をどの程度破っているのか,あるいは解からどの程度離れているのかを示す尺度として用いられる実数値関数をメリット関数と呼ぶ.その代表的なものは次式で定義される2乗残差関数である.

$$\theta(x) = \sum_{i=1}^{n} F_i(x)^2 \ \left(= \|F(x)\|^2\right)$$

明らかに,方程式系 (7.2) は関数 θ の最小化問題に帰着できる.すなわち,均衡モデル (7.2) は最適化モデルに変換できる.このようにある問題を別の問題に変換することを「再定式化」(reformulation) という.再定式化も広義のモデリングであり,大げさにいえば一種のパラダイムシフトといえる.あるモデルを別のタイプのモデルの枠組みに移すことによって,それまで考えられていなかったアプローチが開発される可能性がひろがるのである.

1990年代から2000年代にかけて,変分不等式や後述の相補性問題など,いわゆる均衡問題の研究者のあいだで「再定式化」がちょっとしたブームになった [7].そのきっかけになったのが,変分不等式と相補性問題のそれぞれに対して偶然おなじ1992年に提案された正則化ギャップ関数 [5] と Fischer–Burmeister 関数 [4] を用いた最適化問題への再定式化である.

変分不等式 (7.1) に対する最初のメリット関数は次式で定義されるギャップ

7.3 均衡問題の再定式化 — 数理モデルのパラダイムシフト

関数と呼ばれる関数である．

$$g(x) = \sup\{F(x)^{\mathrm{T}}(x-y) \mid y \in S\}$$

容易に確かめられるように，$x \in S$ のとき常に $g(x) \geq 0$ であり，変分不等式 (7.1) の解において $g(x) = 0$ となる．したがって，変分不等式 (7.1) は集合 S 上で関数 g を最小化する最適化問題に再定式化できる．

しかし，集合 S が有界でないとき，関数 g の値は有限とは限らず，さらに関数 F が微分可能であっても，関数 g は微分可能とは限らない．このような理由から，ギャップ関数 g の最小化問題は必ずしも取り扱いやすい数理モデルとはいえず，より好ましい性質をもつメリット関数の構築が課題とされていた．

この課題を知ったとき，ふと頭に浮かんだのが，筆者が研究者になった頃に手掛けた微分不可能な最適化問題に対する近接点法 (proximal point algorithm) であった．近接点法は Moreau-Yosida 近似と呼ばれる正則化法に基づく方法であるが，同様の正則化法を用いることにより，性質の良いメリット関数が構築できるのではないかと考えた．そうして発見したのが，次の正則化ギャップ関数である [5]：

$$g_\alpha(x) = \sup\{F(x)^{\mathrm{T}}(x-y) - \alpha\|x-y\|^2 \mid y \in S\}.$$

ただし，α は正の定数である．ギャップ関数 g と同様，関数 g_α は集合 S 上で非負の値をとり，変分不等式 (7.1) の解 x において $g_\alpha(x) = 0$ となることが示せる．したがって，変分不等式 (7.1) は関数 g_α の集合 S 上での最小化問題に再定式化できる．さらに，正則化ギャップ関数は，ギャップ関数とは違って，すべての点 x において有限の値をとり，関数 F が微分可能ならば関数 g_α も微分可能である．それ以外にも，正則化ギャップ関数はいくつかの好ましい性質をもつことから，正則化ギャップ関数の最小化問題は，変分不等式を取り扱うための数理モデルとして好ましいと考えられる．

変分不等式については，その後，Dギャップ関数と呼ばれるメリット関数を用いた制約なし最適化問題への再定式化，さらに正則化ギャップ関数やDギャップ関数に基づくさまざまなアルゴリズムの開発など，変分不等式の数理モデルの拡張・整備が行われたが，話はここで切り上げ，次にもうひとつの重要な均

衡問題である相補性問題に対する再定式化に話題を移そう．

相補性問題とは，n 次元ベクトル $x = (x_1, x_2, \ldots, x_n)^{\mathrm{T}}$ を変数とするベクトル値関数 $F : \mathbb{R}^n \to \mathbb{R}^n$ を用いて，次のように表される問題である．

$$F(x) \geq 0, \quad x \geq 0, \quad F(x)^{\mathrm{T}} x = 0 \tag{7.3}$$

問題 (7.3) は次のように成分ごとに表現することもできる．

$$F_i(x) \geq 0, \quad x_i \geq 0, \quad F_i(x) x_i = 0 \quad (i = 1, 2, \ldots, n)$$

この式に現れる

$$a \geq 0, \quad b \geq 0, \quad ab = 0$$

を相補性条件という．相補性条件は，不等式制約をもつ数理計画問題の最適性条件（Karush-Kuhn-Tucker 条件）など，最適化においても重要な役割を演じる概念である．

相補性条件に関連して，次の関係を満たす 2 変数関数 $\phi : \mathbb{R}^2 \to \mathbb{R}$ を相補性関数と呼ぶ．

$$\phi(a, b) = 0 \iff a \geq 0, b \geq 0, ab = 0 \tag{7.4}$$

相補性関数を用いると，相補性問題 (7.3) を方程式系

$$\phi(F_i(x), x_i) = 0 \quad (i = 1, 2, \ldots, n)$$

や 2 乗残差関数

$$\theta(x) = \sum_{i=1}^{n} \phi(F_i(x), x_i)^2 \tag{7.5}$$

を最小化する最適化問題に再定式化できる．式 (7.4) を満たす関数 ϕ としてさまざまなものが知られているが，中でも

$$\phi_{\mathrm{FB}}(a, b) = a + b - \sqrt{a^2 + b^2}$$

で定義される関数は Fischer [4] が初めて用いたもので，Fischer-Burmeister 関数と呼ばれ，他の相補性関数に比べてさまざまな好ましい性質をもつことが知られている．実際，相補性関数を用いた相補性問題の再定式化がさかんに研究されるようになったのは，Fischer–Burmeister 関数の登場に負うところが大きい．変分不等式と相補性問題に対する再定式化については，その研究が盛んになっていた当時に筆者らが書いた解説論文 [8] を参照していただきたい．

均衡問題をさらに発展させた問題に，均衡制約を含む数理計画問題(MPEC: mathematical program with equilibrium constraints) と呼ばれる数理モデルがあり，さまざまな分野で用いられている [10]．たとえば，上位レベルと下位レベルから成る階層型（2レベル）最適化問題を考えたとき，特に下位レベルの最適化問題をその最適性条件で置き換えれば，この2レベル最適化問題は相補性条件あるいは変分不等式を制約条件に含む最適化問題として定式化できる．このような問題の取り扱いにおいても，上に述べた均衡問題の再定式化の考え方は有用である．詳しくは文献 [6] などを参照されたい．

7.4 不確実性を含む均衡問題 ― 新しい数理モデルの構築

OR の多くの問題は不確実な要素を含んでおり，不確実性をどのように取り扱うかは OR の最重要課題としてさまざまな角度から研究され，多くのモデルが提案されてきた．ここでは均衡問題に対して筆者らが近年取り組んできた新しい数理モデルについて述べる．そのまえに，不確実性を含む最適化問題に関する代表的な数理モデルを簡単に振り返っておこう．

簡単のため，次の線形計画問題を考える．

$$\begin{array}{ll} \min & c^{\mathrm{T}}x \\ \text{s.t.} & Ax \leq b,\ x \geq 0 \end{array} \tag{7.6}$$

この問題における不確実性とは，係数 A, b, c の中に値を一意的に定めることが困難なものが存在するということである．それらの可能なすべての値に対して問題を解くことは事実上困難なので，とりあえず係数の値を一つ固定して問題を解き，そのあとで感度分析と呼ばれる方法を用いて，係数を変化させたときに解がどのような影響を受けるかを調べることがしばしば行われる．これに

7章 均衡問題の数理モデル

対して，係数の不確実性をより直接的に取り扱う数理モデルがいろいろ考えられてきた．

不確実性を数学的に取り扱うための最も基本的な道具は確率である．いま，問題 (7.6) の係数はある確率分布にしたがう確率変数であるとする．確率変数を含む問題はそのままでは解くことはできないので，何らかの確定的な問題として定式化する必要がある．代表的なモデルである「2段階確率計画モデル」は，決定変数 x の値を選んだとき制約条件 $Ax \leq b$ が破られることに対する一種のペナルティを本来の目的関数に付加した新しい目的関数を考え，その期待値を最小化するものである．これに対して，x において制約条件が満たされる確率 $P\{Ax \leq b\}$ を考え，それがある値（たとえば 0.9）以上になるような x の中で目的関数（の期待値）が最小となるものを見つける問題を「確率制約計画モデル」という．2段階確率計画問題はふつう非常に大規模な数理計画問題になり，確率制約計画問題の制約条件は一般に非線形になる．したがって，どちらも必ずしも取り扱いが容易なモデルではないが，最適化問題に含まれる不確実性に正面から向き合ったものであり，その意義は大きいといえる．

上述のモデルでは係数 A, b, c は既知の確率分布にしたがう確率変数であると考えていた．これに対して，係数の値は一意的には定められないが，不確実性集合と呼ばれるある集合の中にあると仮定したうえで，不確実な状況のもとで起こりうる最悪の事態を想定して最適化を行うモデルを考えることができる．このような数理モデルは「ロバスト最適化モデル」と呼ばれ，うまく不確実性集合を設定することによって取り扱いやすい問題になることから，不確実性を含む最適化問題に対する有望な数理モデルと評価されている．さらに，確率モデルにおいても，確率分布関数が一意に定まらず，ある不確実性集合に属すると仮定してロバスト最適化の考え方を適用するハイブリッドな数理モデルを考えることもできる [12]．

このように不確実性を含む最適化問題に対しては，昔から現在に至るまで，さまざまな数理モデルを構築する試みがなされてきた．筆者は 1990 年代後半から 2000 年代にかけて，変分不等式や相補性問題などの均衡問題，および均衡制約を含む最適化問題 (MPEC) に関する研究を進めるうち，これらの問題に対して不確実な状況を想定した数理モデルがほとんど考えられていないことに気

7.4 不確実性を含む均衡問題 — 新しい数理モデルの構築

付いた.そこで共同研究者たちに声をかけ,不確実性を含む均衡問題および不確実性を含む MPEC に対する新しいモデルを構築する仕事にとりかかった.

まず手始めに,不確実性を含む均衡問題として,係数が確率変数であるような線形相補性問題を考えた.

$$M(\omega)x + q(\omega) \geq 0, \ x \geq 0, \ x^{\mathrm{T}}(M(\omega)x + q(\omega)) = 0 \quad (\omega \in \Omega) \qquad (7.7)$$

ここで,係数行列 $M(\omega)$ と係数ベクトル $q(\omega)$ は既知の分布関数をもつ確率変数とする.具体的なイメージをつかむため,先に述べた道路網における交通流割当て問題を例にとって説明する.標本集合 Ω の各要素(標本)ω は交通状況に影響を与える天候など気象条件,たとえば「晴」,「雨」,「大雨」,「雪」,「大雪」などを表すものとしよう.そのとき,標本 ω の一つ一つに対応する相補性問題 (7.7) の解はその標本(天候)における均衡交通流を与えると考えられる.もちろん,天候が変われば,一般に均衡交通流も変化する.言い換えれば,すべての天候に対して共通の均衡交通流が存在することは期待できない.標本集合が非常に多くの要素からなる場合,一つ一つの標本に対して相補性問題 (7.7) を解くことは困難であるだけでなく,あまり意味があるとも思えない.そこで,それを解くことで,不確実な状況(天候)に対してもっともらしい解(均衡交通流)が得られるような「確定的な」モデルが必要となる.

筆者らが確率的均衡問題の研究を始めた当時,文献で知られていたのは,確率的相補性問題 (7.7) の係数 $M(\omega), q(\omega)$ をそれらの期待値 $\bar{M} \equiv \mathbb{E}[M(\omega)]$, $\bar{q} \equiv \mathbb{E}[q(\omega)]$ で置き換えた,次の「期待値モデル」だけであった.

$$\bar{M}x + \bar{q} \geq 0, \ x \geq 0, \ (\bar{M}x + \bar{q})^{\mathrm{T}}x = 0$$

期待値モデルは確定的な線形相補性問題であり,その解をもとの確率的相補性問題の「解」とみなすのは自然である.しかし,この方法はたとえば不確実性を含む線形計画問題 (7.6) の係数行列や係数ベクトルを単にそれらの期待値で置き換えることに相当するものであり,不確実性を含む均衡問題に対する唯一のアプローチではないであろう.とすれば,どのようなモデルがありうるだろうか.期待値モデルのように,もっともらしい係数の値(期待値)から解を求めるのではなく,得られる解が不確実な問題(つまり多数の問題群)の解として

7章 均衡問題の数理モデル

総体的にもっともらしいと考えられるような問題が構成できないだろうか．このような動機から着目したのが，前節で述べた相補性問題に対するメリット関数，特に2乗残差関数であった．

ベクトル x をある値に固定したとき，問題 (7.7) の2乗残差関数は次式で与えられる（式 (7.5) 参照）．

$$\theta(x,\omega) = \sum_{i=1}^{n} \phi([M(\omega)x + q(\omega)]_i, x_i)^2$$

ここで，ϕ は適当な相補性関数である（式 (7.4) 参照）．関数 $\theta(x,\omega)$ の値は，いま考えている x が問題 (7.7) の解からどれだけずれているかを表しており，標本の実現値 ω によって「ずれ」の大きさは変わる．したがって，「ずれ」の大きさの期待値 $\mathbb{E}[\theta(x,\omega)]$ が小さいとき，この x は式 (7.7) を全体としてよく満たしているとみなしてもよいのではないだろうか．このような観点から，確率的相補性問題の数理モデルとして提案したのが，次の「期待残差最小化 (expected residual minimization) モデル」である．

$$\min_{x \geq 0} \; \mathbb{E}[\theta(x,\omega)]$$

このモデルを提案した論文を初めて投稿したときは，レフェリーから，なぜ期待値モデルより優れているのかを示せ，といった意見が出されるなど，モデルの意義がなかなか理解されず苦労をした．その主な理由は，確率的相補性問題という問題自身がそれまで文献にほとんど現れたことがなく，馴染みがなかったためと思われるが，筆者らも計算実験によりこのモデルから得られる解の特徴や長所を明らかにする努力をし，少し時間はかかったが最終的にジャーナルに掲載された [1]．その後，期待残差最小モデルは確率的な非線形相補性問題や変分不等式などの均衡問題に対しても拡張されるとともに [9]，いくつかの実際問題に対する応用も試みられている（たとえば [11] など）．不確実性を含む最適化問題の場合，2段階確率計画モデル，確率制約計画モデル，あるいはロバスト最適化モデルのどれがもっとも優れているかということではなく，目的と状況に応じてもっとも適切なモデルを採用することが重要である．不確実性を含む均衡問題の場合も，さまざまな目的と状況に対応できるよう，期待値モデ

ルや期待残差最小化モデルに加え,別の観点から新たな数理モデルが開発され,モデルの品揃えが一層充実していくことが望まれる.

確率的均衡問題に対する期待残差最小化モデルの研究と並行して,確率的MPECの数理モデルの構築も行った.その当時,確定的MPECについてはかなり研究が進んでいたが,不確実性を含むMPECはほとんど手付かずの状態であった.そこで,確率的最適化における2段階確率計画モデルを拡張することを試みた.MPECは上位・下位の2レベル構造をもつため,特に下位レベルの決定を不確実な事象が観測される前に行うのか,起こった事象を観測した後で行うのかによって異なるモデルが考えられる.それらのモデルは複雑になるので,ここでは説明を省略する.詳しくは文献 [9] などを参照されたい.

7.5 おわりに

原稿の執筆を引き受けたとき,いざ書く段になって後悔することがしばしばあるが,今回もそうであった.最初に述べたように,筆者は現実問題のモデリングに関わった経験も乏しく,ましてやモデリングについて幅広く論ずる能力ももたない.筆者にできることは,大学の研究室で自分なりのやり方で「数理モデル」の可能性の拡張を試みた経験を紹介することしかない,と腹をくくって書いた.専門家でない人にも分りやすい文章かと問われれば自信はないが,このような「モデリング」もあるのかと読み流していただければ幸いである.

参考文献

[1] Chen, X., Fukushima, M.: Expected residual minimization method for stochastic linear complementarity problems, *Mathematics of Operations Research*, Vol. 30, pp. 1022–1038, 2005.

[2] Dafermos, S.: Traffic equilibrium and variational inequalities, *Transportation Science*, Vol. 14, pp. 42–54, 1980.

[3] 土木学会・土木計画学研究委員会「交通ネットワーク」出版小委員会 (編):『交通ネットワークの均衡分析』,土木学会,1998.

[4] Fischer, A.: A special Newton-type method, *Optimization*, Vol. 24, pp. 269–284, 1992.

[5] Fukushima, M.: Equivalent differentiable optimization problems and descent meth-

ods for asymmetric variational inequality problems, *Mathematical Programming*, Vol. 53, pp. 99–110, 1992.

[6] 福島雅夫：均衡制約をもつ数理計画問題 (MPEC),『離散構造とアルゴリズム VI』, 第 5 章, 藤重悟 (編), 近代科学社, 1999.

[7] Fukushima, M., Qi, L., eds.: *Reformulation: Nonsmooth, Piecewise Smooth, Semismooth and Smoothing Methods*, Kluwer Academic Publishers, 1998.

[8] 福島雅夫, 山下信雄：相補性問題と変分不等式問題のメリット関数,『オペレーションズ・リサーチ』, Vol. 42, pp. 423–428, 1997.

[9] Lin, G.H., Fukushima, M.: Stochastic equilibrium problems and stochastic mathematical programs with equilibrium constraints: A survey, *Pacific Journal of Optimization*, Vol. 6, pp. 455–482, 2010.

[10] MPEC 研究会 (編):『MPEC にもとづく交通・地域政策分析』, 勁草書房, 2003.

[11] Zhang, C., Chen, X., Sumalee, A.: Robust Wardrop's user equilibrium assignment under stochastic demand and supply: Expected residual minimization approach, *Transportation Research B*, Vol. 45, pp. 534–552, 2011.

[12] Zhu, S., Fukushima, M.: Worst-case conditional Value-at-Risk with application to robust portfolio management, *Operations Research*, Vol. 57, pp. 1155–1168, 2009.

8章

モデルが見えるとき

● ● ● 森戸　晋

8.1　はじめに：だまし絵の世界

　ORの真髄は，言うまでもなくモデルとその解法に基づく問題解決である．モデルを単なる抽象の産物と見る人もいるが，本稿では世の中の問題解決のためのモデルを考え，現実の具体的な問題のないところにはモデルもないという立場から，だまし絵や似顔絵と対比しながら，かんばん方式を軸にしてモデルの一側面を考えることにする．

　図8.1のようなシンプルなものから複雑なものまで，だまし絵やかくし絵をご存知だろう．図8.1は薄い色の部分ばかりを見ているとわからないかもしれないが，薄い色の部分と濃い色の背景を反転させてみると，"LIFE"という文字が隠れていることがわかるであろう．だまし絵同様，実世界のシステムには

図 8.1　だまし絵（出典：Illusion Forum, NTT Communication Science Laboratories, http://www.kecl.ntt.co.jp/IllusionForum/v/life/ja/）

---

* 本稿の原記事は，『オペレーションズ・リサーチ』（2005年4月号）に掲載された．

8章 モデルが見えるとき

隠れているものがいろいろある．その中には"いつも見ているけれども実は見えていない"ものもある．だまし絵は人工的に作られたもので答があり，また，目の錯覚を利用して意図的に作られたものなのでいずれ答が見えてくることが多いのに対して，実世界は意図していないかくし絵の世界と考えられる．隠された構造，隠されたモデルを探し出すのが OR ワーカの重要な仕事となる．

モデルが見えるには閾値がある．だまし絵も同じで，あるレベルに達しないと見えてこない．だまし絵は見えていたものが見えなくなったりを繰り返す点が興味深いが，実世界のかくし絵には簡単に見えないものが少なくない．モデルが見えるための閾値レベルは，センス・勘・経験・情熱・知識・ねばり等々，多くの要因の複雑な関数と考えられる．

8.2 かんばん方式

抽象化することによって，二つのシステムの構造的特徴に関する一種の等価性が（かつて筆者に）明らかになった例として，かんばん方式の例を挙げる．かんばん方式は，後工程引取り方式とかプル (pull) 生産方式，引き型生産方式などの名前で呼ばれトヨタシステムの最も重要かつ有名なサブシステムの一つである．

実際は，工程内における生産を指示する生産指示かんばんと，工程間のものの移動を制御する引取りかんばんの 2 種類を基本として様々な変形があるが，ここでは，生産指示かんばんだけを考え，引取りかんばんは無視する．図 8.2 上のように，各工程には生産をつかさどる機械があり（短期的には）一定枚数のかんばんがまわる．実際のかんばんは，生産すべき品目や生産数量などが書かれた表示板にすぎない．

話を簡単にするために，1 品種を考え，図 8.2 右端の「顧客」が完成品を引き取るところから始めると，顧客が完成品を受け取る際に完成品についている第 3 工程のかんばんがはずされる．はずされたかんばんは，いったんかんばん回収箱に収められ，いずれ回収されたかんばんは，当該工程の機械に戻される．ここで，かんばんは生産指示の役割を果たし，かんばんの到着がかんばんに指定された製品の生産指示となる．

8.2 かんばん方式

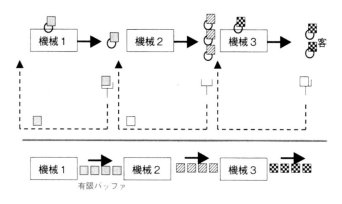

図 8.2 かんばん方式と有限バッファ直列システム

かんばんが第3工程の機械に回ってくると，第2工程を完了した仕掛品をもとに生産を行おうとする．第2工程を終えた仕掛品についている第2工程のかんばんは，第3工程が仕掛品をとる際にはずされ，第2工程のかんばん回収箱に入れられ，いずれ第2工程の生産指示となる．一方，第3工程がとった仕掛品には，第3工程のかんばんがかけられ，生産が完了した完成品はかんばんが付けられたまま第3工程後に在庫される．いずれ，完成品が「顧客」によって引き取られるとかんばんがはずされ，第3工程のかんばん回収箱に収められる，という流れになる．

要するに，右端に位置する「顧客」が完成品を引き取ることによって，第3工程のかんばんが回り，それに伴って第2工程のかんばんが回り，さらに第1工程のかんばんが回り出す，という生産指示方式がかんばん方式である．このシステムは，各工程のかんばんの枚数を決めてしまえば，需要予測をせずに，各工程が独立，すなわち，自律分散的に動く，きわめて単純なシステムである．

8.2.1 有限バッファ直列システムとの等価性

かんばん方式は，より単純に見える機械間に有限なバッファが存在する有限バッファ直列待ち行列システム（図8.2下）と基本的に等価と考えられる．ここで，機械1が仕掛品の処理を終えたとする．このとき，機械1の後にある仕掛品4個分のバッファが満杯だと，処理を終えた仕掛品を機械から取り出すこ

とができなくなって機械1がブロックされ，後続の処理を行うことができなくなる．このような現象を"ブロッキング"と呼ぶ．機械1の後のバッファに空きができると，処理を終えた仕掛品を機械1から取り出して後続のバッファに移せるようになり，ブロッキングが解消される．

　かんばん方式（図8.2上）と有限バッファ直列システムを対比させてみると，直列システムのバッファをかんばん方式のかんばんとみなすことによって，両者の動きが基本的に同じ動きであることがわかる．後続のバッファの空きは生産指示，つまり，生産の青信号であり，後続の有限バッファが満杯のときは機械がブロックされているので生産しない/生産するな，つまり，生産の赤信号が出ていると考えられる．

　直列システムは，単に後続のバッファが満杯になると機械がブロックされるシステムであり，これを生産指示方式と捉えるのは奇妙かもしれないが，二つのシステムが同じ動きをするという意味で等価と考えられる．なお，厳密にはかんばん方式と有限バッファ直列待ち行列システムとはブロッキングのメカニズムにおいて完全に等価ではないが，本稿の趣旨からは，それらの細かい違いは重要でないと筆者は考える．

8.2.2 「停滞」状態の分類

　対象とするシステムを抽象化してそのエッセンスだけを捉えたときに，システムの「骨格」が現れてくることが多い．また，上の例のように，一見関係なさそうに見えるシステム間の相互関係が明らかになることが少なくない．

　面白いのは，有限バッファ直列システムというどこにでもあるシステムとかんばん方式とが基本的に等価であるという点である．かんばん方式は故大野耐一が創案した方法と考えられているが，きわめて単純なシステムであり誰が考えついたとしてもおかしくない．実質的に同じ考え方に基づいて生産指示や在庫の制御を行っている人/会社があってもおかしくなく，ある友人は「うちの冷蔵庫のビールの管理はかんばん方式よ」と言うほどである．冷蔵庫のビールのポケットの空きは，すなわち発注指示という訳である．

　トヨタとも大野耐一とも関係のない誰かがかんばん方式を採用していても不思議でないと考えられる一方で，一見当たり前のかんばん方式を生産指示方式

8.2 かんばん方式

として,しかもそれを一サブシステムとしてより総合的な生産管理システム,さらには,経営管理システムとして取り込んだトヨタや大野耐一は,決して当たり前ではないところが,かんばん方式やトヨタシステムの面白さ,凄さ,醍醐味である.

等価性に戻ると,両システムの動きは基本的に共通でありながら,共通性,等価性を見えにくくしている理由,隠している理由があると思われる.両システムにおいて,ものが流れない状態,すなわち,「停滞」状態を分類すると2種類あることが分かる.ものの流れの停滞は,入力側のインプット,すなわち,素材が存在しないことによる停滞と,かんばん/バッファがないことによる停滞の2種類がある(表8.1).

表 8.1 「停滞」状態の分類

停滞のタイプ	素材	かんばん バッファ	かんばん 方式	有限バッファ 直列システム
タイプ1	有	無	生産指示なし	ブロッキング (Blocking)
タイプ2	無	有	品切れ (Shortage)	スターベーション (Starvation)

素材はあるが,かんばんがないタイプ1の停滞は,かんばん方式では素材はあるものの生産指示がないので何もしないでいい停滞である.有限バッファ直列システムでは,出力側のバッファが満杯であるために機械がブロックされて停滞するのがタイプ1である.これに対して,かんばんあるいはバッファがあるにも関わらず素材がないのがタイプ2の停滞であり,かんばん方式では原則として起きてはならない状態である.実際,かんばん方式の多くの実務的解説にはタイプ2の停滞については書かれていない.つまり,かんばんが回ってきたときの入力側の素材の欠如は品切れであり,あってはならないことと考えられている.これに対して,タイプ2の停滞は,直列システムにおいては,入力側の素材がないので機械がただ待つ(スターベーション)ことになる.

ここで注目したいのは,ある意味で等価な二つのシステムにおいて,二つのタイプの停滞の位置づけが異なる点である.タイプ1の停滞は,かんばん方式では「生産指示がないので待つ」という通常の状態であるのに対して,直列シス

テムでは「バッファに空きさえあれば，もっと生産できるのに」というブロッキングの状態である．これに対して，タイプ2の停滞は，かんばん方式にとってはあってはならない状態であるのに，直列システムでは「素材がないのだからやることがない」という状態である．つまり，両システムにとって，望ましくない状態がかんばん方式ではタイプ2の停滞，有限バッファ直列システムではタイプ1の停滞，というように逆転していることに注目したい．こう考えるとかんばん方式は，有限バッファシステムでは悪者と考えられるブロッキングを積極的に活用した生産指示方式と考えられる．

解析はORの得意とするところで，直列システムのバッファの大きさを増やしていくとスループットは急速に極限値に近づく一方で，在庫や滞留時間が急激に増加することを定量的に調べられる．換言すればかんばん枚数を増やすことによってスループットが急速に向上するが，あるところから先は在庫量や滞留時間を増加させるだけで大きなスループットの向上が期待できなくなる．

かんばん方式はどちらかというと悪者と考えられがちなブロッキングを積極的に活用して，生産能力という意味では自分の首をしめながら，在庫や滞留時間が膨大になることを防ぐシステムである．悪者と考えられる停滞のタイプが異なることが，等価と考えられる二つのシステムの等価性に気づかせにくくしている一因なのではないだろうか．

8.3 モデル化の視点の多様性

かんばん方式と有限バッファ待ち行列との等価性は，図8.1の"LIFE"に近い，きわめて単純明快な関係である．実世界では，一般に複数の捉え方でシステムを最適にしうる可能性があるという意味でモデルやその解は一意に定まらない．その理由はいろいろ考えられるが，重要な点は，我々が神ではなく人間の世界にいるかららしい．筆者は，トヨタシステムに関して前々から不思議に思っていたことがある．トヨタの問題解決法では，管理の水準と「問題」を川の水位と水中の石に例える話をよく聞く．問題が発生すると水面に石が顔を出す．そこで石（問題）を叩き潰す．さらに水位を落とす（管理水準アップに対応）と，別の石が水面から顔を出す．出てきた石を叩き潰し，また水位を落と

し石を叩き潰し…というプロセスの繰り返しである．筆者の疑問はこのプロセスがいずれ川の水が干上がって終了しないかという素朴な疑問である．

これに対して数年前に筆者の学科OBの銀屋洋氏（当時日野自動車副社長；トヨタ自動車元技監）の講演で聞いた答は，神ならいざ知らず我々は人間だから必ず改善の余地が残っておりプロセスは永久に終わらないし，実際トヨタはそれを実践しているということであった．そんな訳で，情熱とかねばりといった人間臭さがモデルを見つけることとも無関係でなくなるのではないだろうか．

8.4 似顔絵の世界

似顔絵は対象とする人物を正確に表現している訳ではないが，出来のよい似顔絵は人物の特徴をきちんとおさえている．似顔絵では，極論する，割り切る，ある見方を徹底させるのがポイントである．トヨタシステムも割り切って見方を徹底させた良い例である．

大野耐一がトヨタシステムの原型を考えた1950年前後はシステムが十分機能する状況が整っていたとは到底思えない．段取りも，処理時間や需要のバラツキも当初からシステムがうまく機能する状況にあった訳ではない．しかし大野耐一にはモデルが見えており，モデルとモデルに至る道のりが見えていたのである．

8.5 Joy of Modeling

誰にでもモデルは簡単に見えるのだろうか．ひらめきでモデルが見える傑出した人もいる．大野耐一がそうだし，私を除く本書の筆者はそういう方々ばかりである（とはいえ，これらの方々の大半は実はすごい努力家でもある）．かといって筆者のようにモデルがほとんど見えない/簡単に見える訳ではない普通の人(ordinary people)もいっぱいいる．

では筆者を含め普通の人にモデルを追い求めるメリットはあるのだろうか．もっとも大事な答えはモデルが見えたときの感動を味わうとその味が忘れられなくなることである．喜びというより，歓びや悦びがふさわしい．モデリングは非常に"rewarding"なアクティビティであり，すでに先人の見たものである

8章　モデルが見えるとき

かないかと関係なく，モデルが見えたときの感動・喜びを一度味わうと病みつきになる．不思議なことに，見ていたのに見えなかったものが人々に見え出す時期がしばしば一致する．ここにも閾値があって状況が整うとあちこちで見え出すところがおもしろい．

　実世界はしがらみ（OR では格好をつけて制約という）に縛られている．しがらみの中で普通の人にモデルが見えるようになるにはどうしたらよいか；常識的だが，1) 徹底的に対象のシステムを見て，知り，考え抜く，2) 視点を変えていつくかのモデルで遊んでみる（自由に遊んでいいところがモデルの素晴らしさの一つである），3) 必ずしもしがらみをすべて取り込まなければならないと考える必要はないかもしれないことを認識する，4) 解法に関する情報チャンネルを確保する，あたりだろうか．

　幸か不幸かモデルができても解けないことがあるというのが OR の面白いところであり苦しいところでもある．ただ，苦しさを楽しみとする人が OR の世界には多数いるので心配はやめよう．最適化の世界はソフトウェアや PC が大幅に進歩したので，ますます規模の大きな問題が解ける．しかし，ここにも落とし穴が潜んでいる．大規模な問題が解けること，そして大規模な問題を解くことは悪いことではない．しかし，突然，解法が牙をむくこともある．

　解法に牙をむかせないためにはどうすればよいだろう．理論的には多項式解法の存否と関係することが多い．解法の工夫が多々知られているので，自分でできなければ解法に関するアドバイザを身近に置くよう努めればいい．助けになろうという人も少なくないはずである．

　解けるかもしれないといって安易に問題の規模を大きくすることは避けたい．そうしないと，単に数値的に解けなくなるリスクを高めるだけでなく，見えてくるかもしれない何かを逃す可能性も高めるからである．適切なモデルの見方が見えると解法とも一層仲良くできる可能性が高い．

　目の前にあるものを正確に表現するモデル（の一つ）を見るだけではなく，目の前にあるシステムをさらに創造するモデルを見ようという立場の存在も認識しておきたい．これは一見難しそうに見えるが，案外割り切った方がモデルを見やすいことが多い．目前のしがらみを全部並べて答えを見つける方がかえって大変かもしれない．システムをある意味で知りすぎた人はしがらみが全部必

要と言うかもしれないが，世界をこう見たらどうか，という前向きな姿勢を持ちながらモデル化に取り組むことも大切である．

モデルには「理想的」というニュアンスが含まれている．ORのモデルもこのニュアンスを引き継いでおり，モデルを見つけることと理想形をどう設定するかが絡んでいることが少なくない．かんばん方式のように，モデルが単純であるほどいったん見えるとその効用は絶大である．もちろんそういうモデルで未発見のものを見つけるのは容易ではない．しかし，我々の周りには見てはいるけれども見えてはいない，つまり，モデルとして認識されていないものが潜んでいることを忘れてはならない．

8.6 悦びの輪

モデルを通じて世の中を見ることによって，わくわくするような経験，エッ，こんなことだったのと思わず飛び上がりたくなるような経験を味わうことができる．しょっちゅうは期待できないかもしれない．ただ，普通の人にも悦びの頻度を増やす手立てがある．自分の周りに，モデルに敏感な (model-sensitive) 人，モデルに悦びを感じる人の輪を拡げることである．

なぜトヨタが元気がいいのだろう．筆者の勝手な解釈では，閾値に近い人がいっぱいいるから，あちらでひらめくとこちらでひらめくというように火花が飛び散っているからである．そういう環境が望ましい．同時に，モデルを見やすくしてくれるような解法側からのサポートもあった方がよい．これら全部ができるスーパーマンがいればいい（実際存在する）が，その数は限られているので，できることはチーム作りだろう．思うに，ORはもともとチームスピリットの上に成り立っていたのである．

さあ，モデルを通じて悦び探しの旅に出よう!! 皆さんといっしょに．

9章

モデルの効用

逆瀬川浩孝

9.1 はじめに

オペレーションズ・リサーチにおけるモデル分析は，しばしば物理・化学における実験と対比させられます．自然観察あるいは実験の結果から作業仮説を作り，実験を積み重ねることによりその仮説を検証し，必要ならば修正を施し，さらに実験を繰り返す，という作業の連鎖によって理論的体系が豊かなものになって行くのと同じように，オペレーションズ・リサーチでもモデルを使った「実験」が分析の推進エンジンになっています．

物理・化学の実験に比べてオペレーションズ・リサーチにおける実験は特別な実験装置を使わずに，多くの場合コンピュータを頼りに実施されます．つまり，数理的なモデルを作り，それらの動きを見ながら問題の解決法を探るというわけです．

文献 [4] に，オペレーションズ・リサーチ学会を代表する「モデラー」の方々のモデルに対する考察が書かれていて興味深いのですが，それらの中から共通項として，「抽象化」と「汎用性」というキーワードを取り出すことができます．

この小論では，数理モデルの特徴としての「抽象化」のレベルと，モデルの「汎用性」について説明しながら，モデルの効用について考えます．

9.2 モデルと抽象化

モデルを使って問題を考えるという思考法は何もオペレーションズ・リサーチの専売特許ではなく，いろいろな学問分野でよく行われていることですが，オペレーションズ・リサーチの中では特に重要性が強調されています．オペレー

---

* 本稿の原記事は，『オペレーションズ・リサーチ』（2005 年 8 月号）に掲載された．

9章 モデルの効用

ションズ・リサーチが「問題解決の科学」とも呼ばれていることと関わりがあるのでしょう．現場から問題を発掘して定式化し，合理的な解決を目指すということがオペレーションズ・リサーチの基本的アプローチですが，その対象は千差万別なので，そのつど，その問題固有の解決法を考えていたのでは大変です．問題の本質を掴み，必要な機能を持ったスケルトンモデルを作っておけば，表面上は違う状況設定であっても，同じモデルを使って考えることができる，という経験が積み重なり，モデルの重要性が強調されているのだと思います．

　オペレーションズ・リサーチの教科書を読んでいると，多くの著者は実施の難しさを強調しています．そのような事態を想定して，なるべく現場に近いモデル作りを意識しているのはシミュレーションモデルでしょう．たとえば空港建設のような巨大プロジェクトにはシミュレーションによるアセスメントが義務づけられていると聞きます．そのシミュレーションは実際にモノがスムーズに流れている，仕様を満たすような能力を備えている，事故対策も万全である，ということをアピールするためのものですから，意思決定者，つまりモデルを利用するだけの人たち，がそれを認識できなければ困ります．ということは，あまり抽象的なシミュレーションモデルを作って「シミュレーションしました」と言っても受け入れられないのでしょう．

　そこで，このような目的のために作られた離散事象シミュレーション用のソフトウェアはモデルの動きを視覚化したアニメーションツールを備えていて，何が起きているのか，パラメータを変えると何が変わるのかが一目で分かるようなモデルを簡単に作ることができるようになっています．

　しかし，この「現場対応」のシミュレーションモデルでも，アニメーションで動いているのは実際のモノではなく，その動きは実際の動きと似せていますが，現実そのものではありません．必要な要因のみをピックアップして現実を抽象化し，シミュレーションモデルに落とし込むというプロセスを通っているのです．

　このような，いわば現場密着型のシミュレーションモデルの多くは，その問題固有の特徴を生かし，より現実のオペレーションに近い，操作性の良いモデルを目指すので，抽象化の度合いは低いのが普通です．これに対して，現場から少し離れてものが考えられるような問題，あるいはルーティン化されたオペ

レーショナルな問題では，「抽象化」の度合いを強めることにより，要因間のつながりが浮き彫りにされ，数理モデルとして定式化の可能性が見えてきます．

抽象化することによって次に見えてくるのが「汎用性」です．もともと一つ一つのモデルはある問題を解くために作られたものですが，別の問題を解くために抽象化してモデルを作ったら同じモデルになってしまったということがありえます．たとえば，銀行の窓口の混雑を分析するための $M/M/s$ モデルは，修理工場の混雑でも，タンカーの荷下ろしの混雑でも，同じモデルを使うことができるというわけです．いわば，モデルは問題を捕まえる網のようなもので，問題の「海」に網を打って捕まえることができる問題が，そのモデルの適用範囲ということになります．

この喩えを使うと，打った網にとんでもないモノが引っかかってくる可能性がないわけではない，というのが次の二つの例です．

9.3 新聞売り子モデルとレベニューマネジメント

オペレーションズ・リサーチの勉強をした人ならば誰でも知っている有名なモデルの一つとして，新聞売り子モデル（問題）があります．

> 毎朝街角で新聞を売っている健気な少年がいる．午後になってもまだ全部売れずに声をからしているかと思えば，早々に売り切れてしまい，もっとあればもうけも大きいのに，とくやしがることも多いらしい．仕入れ部数に関して何か有効なアドバイスはできないだろうか．

という問題です．仕入れ値が 30 円，売値が 100 円とすると，売れ残った場合の損失は 30 円，売り損なった場合の損失は 70 円と計算されます．問題は，気まぐれな客の購買行動です．そのため，仕入れ過ぎても，仕入れ足りなくても損するので折り合いを付けなければいけないという「トレードオフ」状況が発生します．もし，毎日の需要がランダムに決まり，トレンドがないのであれば，明日の需要量は確率的にしか予測できないので，過去の需要記録を少ない順番に並べて，それを損失の比である 70 : 30 に分かつ需要量を求め，それを毎日仕入れなさい，というのが「最適戦略」になることが知られています．

9章 モデルの効用

「新聞」売り子モデルの特徴の一つは，ある時期を過ぎると無価値になる（陳腐化する）商品を扱っているというところにあります．そういう観点から見ると，陳腐化する商品はいくらでもあるわけで，この考え方はそれらの商品の仕入れ問題に適用できるはずだ，として考えられたのが航空機チケットの割引販売問題です．

9.3.1 フライトチケット問題

航空機会社はチケットを売るためにあの手この手を使ってさまざまなディスカウントチケットを販売しています．フライトのチケットはそのフライトだけに有効で，その便が飛んでしまえば売れ残りは無価値になりますが，一方，ディスカウントチケットが売れるからといって，売れ残りを恐れて事前に割引で売ってしまうと，間近になって正規運賃でも売れるビジネス客の需要に応えることができず，正規運賃と割引運賃の差額をもうけ損なうことになります．

新聞を仕入れて売る，という行為と，数の決まった座席のチケットを売る，という行為は一見結びつかないように思われますが，売れ残ったら捨てるしかない，つまり，陳腐化する商品を売るという点で共通点があります．さらに，需要があってもモノがなければ売り損なう，という点でも共通です．しかし，新聞は同じ値段で売るのに対して，チケットの方は割引運賃と正規運賃の2通りの価格があり，単純に対応付ける訳には行きません．

9.3.2 二つの状況比較

チケットの場合は何が問題だったかというと，先に割引でチケットを売ってしまうと，後から来るかもしれない正規運賃を払っても購入する客を逃すことになる，ということでした．割引運賃販売による代金は回収済みですから，もうけ損なった差額運賃が機会損失となります．

こう考えることにより，新聞売り子問題との対応関係が見えてきます．つまり，チケットを正規運賃で売る人を新聞売り子とみなして，正規運賃枠をいくつ確保すべきか，という問題を立てることにします．

いろいろな制約から，割引運賃の販売期間が限られていて，正規運賃のチケットは売れなかったら空席で飛ばすしかない，と仮定すると，新聞の仕入れ量と

正規運賃販売用として確保したチケットの枚数，新聞を買いに来る客と正規運賃でチケットを買いに来る客，という対応が取れ，売れ残った場合の損失は，新聞の場合が仕入れ値，フライトチケットの場合は割引運賃，売り損なった場合の損失は新聞の場合が機会損，フライトチケットの場合は正規運賃と割引運賃の差額，という対応関係でまとめることができます[1]．

その結果，最適な正規運賃枠は，新聞売り子問題の最適戦略をそのまま適用することができることになります．つまり，正規運賃を A，割引運賃を B とすると，正規運賃を利用する客の需要に関する過去のデータを小さいものから順に並べ，$A - B : B$ に分ける数を正規運賃枠として確保する，というのが最適戦略となります．

9.4 待ち行列モデルとリスクモデル

待ち行列モデルの分析ツールの中に「残余仕事量」あるいは「仮待ち時間」というものがあります．処理中の客の残りサービス時間を含めて，系内にいる客が要求している仕事量（サービス時間）の合計が残り仕事量です．もし，サービスする人が一人で，サービスは先着順に行われ，客がいる間は働き続けると仮定すると，ある時刻 t における残り仕事量は，「仮に」時刻 t に客が到着したとすれば，その客の待ち時間になる，という意味で「仮待ち時間」と呼ばれることもあります．仮待ち時間のサンプルパスは客の到着時点でその客の持ってきた仕事量，すなわちサービス時間だけ上にジャンプし，新たな客が到着するか，仕事量が 0 になるまで，-1 の傾きで減り続ける，という動きをします．

9.4.1 経過時間プロセス

これに対して，仮待ち時間ほど有名ではありませんが，「経過時間」という考え方があります．現在サービス中の客のシステムに滞在している時間を表すものです．そのサンプルパスはサービス開始直後に，サービスを開始した客のそれまでの待ち時間からスタートし，傾き 1 で増え続け，サービスが終了すると，次の客の待ち時間まで下にジャンプする，という動きをします．

---

[1] 割引運賃のチケットは完売できる，という仮定を置いています．

9章 モデルの効用

　仮待ち時間と経過時間のサンプルパスを比較した場合，もし誰もいないところに到着し，退去するまで次の客が到着しなければ，両方とも直角三角形のようなグラフになり，グラフの面積は全く同じになります．客が待っているところに到着した場合も，この二つの確率過程のサンプルパスは見方を変えると同じ動きをしていることが言えるのです．

　実際，仮待ち時間のサンプルパス（図 9.1）を直交メッシュ状の餅網に貼り付けて，左上隅を右下へ向けて押しつけ，縦横の針金が 45° で交わるような菱形に歪めてみる（図 9.2）と，経過時間のようなサンプルパスになるでしょう．つまり，それまで垂直にジャンプしていたところが傾き 1 のスロープになり，傾き -1 で減少していた部分が一挙に垂直にジャンプして減少するようになります．数学的に言えば，経過時間のグラフを x 軸 y 軸が 45° で交わる斜交座標によって変換すると，仮待ち時間のサンプルパスと 1 対 1 対応するということなのです．

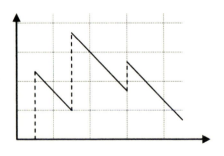

図 9.1　仮待ち時間プロセス

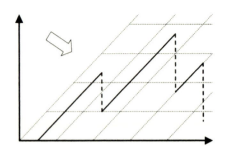

図 9.2　経過時間プロセス

9.4 待ち行列モデルとリスクモデル

9.4.2 リスクプロセス

話変わって，保険会社の金の動きを簡単な数学モデルで記述することを考えます．収入は保険料，支出は保険金支払いだけとしましょう．保険料はもちろん契約の時期によって，あるいは保険金の額によって変わってきますから，丁寧に考えようとすればいろいろあるでしょうが，契約者が無数と言っていいほどたくさんいるとすれば，おおざっぱに言って一定金額が「流入」して来ると見なしても良いでしょう．支払いの方はもちろん支払い請求（支払い）があった場合で，これはいつ起きるか分かりません．また，支払額も，ケースバイケースで異なります．そこで，次のようなモデルが考えられます．システムの状態（つまり，資金量）は一定スピードで増え続け，離散的にランダムなタイミングでランダムな量減少する，という動きを繰り返す．このような動きを繰り返す確率過程は Cramer-Lundberg のリスクプロセスと呼ばれていて，金融工学の分析対象テーマになっています．

9.4.3 リスクプロセスと経過時間プロセス

さて，このリスクプロセスのサンプルパスを描いてみると，その前に描いた待ち行列モデル分析で用いた経過時間のサンプルパスとよく似ていることが分かります．経過時間プロセスもリスクプロセスも，増加するときは一定スピードで増加し，ランダムな事象によってランダムな量，下にジャンプする，というサンプルパスになります．ただし，経過時間の場合，ジャンプする量が最大でも x 軸まで，客がいなければサンプルパスは 0 に留まりますが，リスクプロセスの場合は，そういう制約はなく，ジャンプして x 軸を下回ると倒産となって，プロセスが終了してしまいます．リスクプロセスの初期資金量は，時刻 0 でサービスを受けている客の経過時間に対応します．

結局，待ち行列モデルの言葉で言うと，最初待ち行列が形成されている状態から始めて，最初に窓口が遊休になるまでの動きがリスクプロセスの関心事である，ということが分かります．ここから先の数理モデルによる解析については牧本 [1] を参照してください．ついでながら，[1] と同じ待ち行列の特集号には，このモデルが遺伝子のパターンマッチングの問題に適用されている例も紹介されていて，刺激的です（文献 [3]）．

9章 モデルの効用

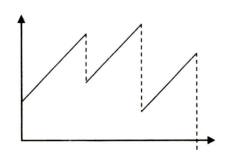

図 9.3 保険会社の準備金プロセス

9.5 モデルの汎用性

上に述べた二つの事例は,オペレーションズ・リサーチにおけるモデルを特徴付ける「抽象化」と「汎用性」という二つのキーワードをよく説明しています.最初の問題では,新聞売り子の気の毒な境遇から離れて,独立同分布する需要の分布と実損と機会損の関係だけに問題状況を集約することにより,後世の新たな問題状況をそのフレームワークに取り込むことができた,と言えましょう.

この場合は,モノを売るという点では新聞もチケットも同じですから比較的スムーズな視点の移動ができますが,2番目の例は想像するのが難しいでしょう.待ち行列モデルは時間の計算をしているのに対して,保険会社の方はお金の計算です.保険会社への支払い請求は会社側から見ればランダムに到着し,請求額は確率変動する,というモデル化が可能でしょう.入る方,つまり保険料収入についても同じようなことが言えますが,それを大胆にも「契約者が無数にいれば保険料はコンスタントに流入してくる」と仮定することで待ち行列のモデルの網に引っかけることに成功したのです.

抽象化し,理想化することによって現実から乖離することを余儀なくされます.曰く線形性,曰く独立性,曰く定常性,などなど.現実の問題ではほとんど実現不可能なこれらの理想的条件は,しかし,モデルの価値を減じるものではなく,それどころか,多くの問題でモデル思考の有効性を実証しています.

抽象化の度合いが高くなれば,それだけ,視野が広がり,引っかかる問題の数も種類も増え,適用範囲も柔軟になります.といっても,過度の抽象化は当面

の問題の理解という点ではマイナスかもしれません.「ロメオとジュリエット」は家と個人の確執物語, と括ってしまえば, 分類学的興味には有益かもしれませんが, 作品の風合はどこかに行ってしまいます.

逆に, 解決すべき問題を抱えている側では, 分析の目的に応じて, ほどほどの抽象化, 一般化を行うことにより, 既存の「汎用」モデルたち (たとえば, OR事典 [2]) のフレームワークに落とし込む, つまり「定式化」することができれば, それらの持つ豊富な体系を利用できる可能性が高くなります. モデルを上手に利用することによって, 新たなモデルの開発コスト削減という効用を得ることができるでしょう.

参考文献

[1] 牧本直樹:リスク評価と待ち行列モデル,『オペレーションズリサーチ』, vol. 49, no. 7, pp. 418–421, 2004.
[2] 日本オペレーションズリサーチ学会:『OR 事典 wiki.』http://www.orsj.or.jp/~wiki/wiki
[3] 豊泉 洋:ゲノムの中にあらわれた待ち行列,『オペレーションズリサーチ』, vol. 49, no. 7, pp. 413–417, 2004.
[4] 特集モデリング,『オペレーションズリサーチ』, vol. 50, no. 4, pp. 220–263, 2005.

10章

モデル学は可能か

木村英紀

10.1 はじめに

　「モデル」という言葉は日常生活でもよく用いられる．たとえば「プラモデル」とか「モデルガン」の場合は実物を形だけまねて作ったもので「模型」という日本語訳がそのまま当てはまる．これと正反対の使い方もある．小説や絵のモデルはモデルが本物で小説や絵がそれを模している．「モデルハウス」のような使い方も同類である．この場合はプラモデルと比べてモデルと実在の関係が逆転している．モデルは実物のまねであると同時に実物もモデルをまねて作られる，という二面性をモデルは持っている．モデルという言葉は一筋縄では把えられない奥行きの深い意味を持っている．本稿では制御工学の立場からモデルについて考えてみたい．

　モデルという言葉が初めて学術用語として用いられたのは，理論物理学のようである．武谷三男氏によると，長岡半太郎やラザフォードが原子核や電子の球体あるいは球殻を用いて原子の構造を表現したものを武谷三男氏が模型と呼んだのがモデルという言葉のはじまりであった，とのことである．武谷氏によると，ほぼ同時期にシュレーディンガーもモデルという言葉を作ったとのことで，少なくとも理論物理学では1930年代にはモデルという言葉が定着していたようである [5]．この時期はまだ計算機は実用化されていないので，モデルと言えば目に見える形を持った幾何学的な実体の配置を意味していた．

　現代の科学技術はモデルに頼る度合がますます強くなっている．かつてはモデルは理論が正しいことを実証するためや仮説を検証するために主として使われた．この場合，モデルによる計算結果はあらかじめ予期することができた．

---

* 本稿の原記事は，『オペレーションズ・リサーチ』（2005年8月号）に掲載された．

10章　モデル学は可能か

計算機の能力が向上するにつれ，現在では仮想的な現象を人為的に創出したり（たとえば形態形成など），人工生命の研究に見られるような未知の現象を発見したりするためにも用いられている．モデルも複雑で大規模なものとなりつつあり，現在では数十万個の粒子を含む物質のモデル，数万の機器や装置からなる工場のモデルなどはめずらしくない．モデルの巨大化はとどまる所を知らない勢いで進んでいる．このような大規模なモデルではもはや結果を予測することは難しい．むしろ予測できるような結果を出すのでは面白くないのである．

モデルの目的が予測された結果を出すことから予測できない結果を出すことに重点が移った，ということがもし事実であれば，そのことはかなり深刻な問題を含んでいる．モデルが示した「予測できない結果」を信じることは，モデルの仮想世界が実世界として受け入れられたことを意味する．モデルが一人歩きを始めたのであるが，このこと自体に問題があるわけではない．モデルが意味を持つためには，それが何らかの意味で実世界に関する知見をもたらすからである．結果が実際の現象や実験結果と照合できないのであれば，その「正当性」をどのような手順で確認することができるであろうか？　これこそがモデルの問題の核心である．このような問題を取り扱うには，モデルに関する学，すなわちモデル学が必要である．

10.2　制御工学とモデル

私の専門は制御工学である．15年ほど前，自動車のアクティブサスペンションを設計するお手伝いをしたことがある．サスペンションとは車体を車輪が支えるための機構で，普通はバネと粘性抵抗からなるパッシブな装置であるが，乗り心地や操縦性を上げるために油圧で駆動する装置を付加したのがアクティブサスペンションである．

制御系設計のためには車体とそれを支えるサスペンションのモデルが必要であるが，文献を探してもモデルが見つからない．1個のサスペンションをボディに取り付けたいわゆる1/4モデルと言われるものは掃いて捨てるほどあるが，車体に四つのサスペンションを取り付けたフルモデルは自動車技術会，機械学会はおろかアメリカSAEの文献を渉猟しても見つからないのである．ただ一

10.2 制御工学とモデル

つイタリアの研究者が作った簡易モデルはあったが，とても使い物にならない．

そこで自力でモデルを作ることになったが，これがやってみると結構難しい．車体と四つの車輪が変形体を介して結びついた構造体であるが，かなり複雑である．以前にロボットのモデルを作るときに使った Kanes の力学と呼ばれる新しい力学を使ってようやくモデルを記述したが，次はモデルに含まれるたくさんのパラメータの値を求めなければならない．そのため振動台に車を載せ，いろいろなモードで車を揺さぶってその挙動を計測し，最尤法でパラメータを求めた．モデルの検証も一部引っかかるところはあったがそれなりにうまく行った．あとはこれを線形化し，教科書どおりに制御系を設計してサスペンションに実装することである．

ところが結果がうまく行かない．コントローラのスイッチを入れると車ががたがたと震えてやがて座り込んでしまうのである．そこでモデリングからやり直すと面白いことが分かった．車体を剛体として考えると動きの自由度はヨー，ピッチ，ロールの三つしかないが（ただしヨーはサスペンションには無関係）これでは不十分なのである．「ワープ」と呼ばれる第4のモードを入れなければ車体の挙動を完全にうまく表現することができない．「ワープ」は車体が変形しないと生じないモードである．つまり車体は変形するのである．車体に課していた剛体という制約を取り去ったモデルにもとづいて設計した制御器を実装すると今度はうまく行き，一挙にテスト走行まで進んだのである[7]．

このように，制御では作ったモデルに対する評価が実に厳しい．モデルが正しいかどうかはそれにもとづいて作った制御系がうまく働くかどうか，で待ったなしの評価が下される．

モデルはよくできて設計のやり方が悪い場合は改善にそんなに手間がかからないが，設計のもとになっているモデルが悪い場合は始末が悪い．一からやりなおしという感覚が伴う．私たちのサスペンションの場合はまさにそうであった．一見実データをうまくシミュレートできているようでも，それが実体をうまく反映していなければ私たちの場合のように，やがて化けの皮がはがれるのである．

モデルについてこんなに厳しい評価が直ちに下される分野は他にはないのではないか？　制御の場合は設計が商用ソフトウェアの流通によってやりやすく

10章 モデル学は可能か

なった分だけ，モデリングに製品の品質が依存する度合いが増えた．対象が複雑になればなるほど依存の度合いは増える．設計はソフトウェアを使えばいまやルーチンワークであるが，モデリングは依然としてセンスと知識と経験がものを言う一品料理の世界である．

10.3 モデリングの困難

なぜモデリングは制御系設計のようなルーチンワークにならないのであろうか？ 端的に言えば，それが難しいからである．たとえば自動車は私たちにとって身近なありふれた存在である．その力学的な挙動も普通のドライバなら身体で体得している．それが特に不自然とは思えない．しかしそれを一つのモデルで定量的に記述しようとすると意外に難しいことは前節で示した通りである．

難しい最大の理由は世の中には未知のことがまだまだ多いことである．モデリングを始めると，工学として教科書化されている事柄は実世界で起こる現象のごく一部をカバーしているに過ぎないことを思い知らされる．たとえば潤滑油の温度依存性，物質を冷却したときの析出速度などはどこの教科書にも書いていない．しかし書いていないからといって省略できない．圧延機のモデルには圧延油の温度依存性，晶析装置のモデルには析出速度が必要なのである．

教科書になければ過去の文献を調べることとなるが，たとえ関連する文献が見つかったとしてもその多くは限られた特別な状況でのデータなので，目の前の対象に適用できるかどうか分からない．どうしても必要な場合は自ら実験し自前のデータでモデルを作るのが早道，という事になる場合が多い．しかし実験をやったからといって正確なモデルが得られるとは限らない．センサノイズ，再現性など不確かさ要因はどこまでも付きまとう．さらに実験している環境が実際に制御を必要とする時の環境と一致するかどうかの保証はない．一部の機械系や電気系を除いてモデリングが正確さと整合性を求める人間の知性を満足させる場合は少ない．

制御の場合，このような実機の泥臭い現実を知悉する現場の制御技術者にとって，数学的な状態空間モデルが，絵空事とまではいかなくても現実性を欠いた理論のお遊びの道具にしか見えなかったのはよく分かる．少なくとも身銭を切っ

て勉強するに値すると考えた技術者は少なかったのは当然と言える．制御工学では「理論と現実のギャップ」が延々と議論されてきたが，その根源は，制御理論が設計の原点となるモデルにリアリティが欠けていた点にある [1]．

モデルがリアリティを持ち始めたのはロバスト制御の成功がきっかけとなった．モデルのもつ宿命的な不確かさが許容できることが理論的に保証されたことによって，抽象的な状態空間モデルも制御系設計のためのツールとして光を放つものとなった．80年代から90年代にかけて大きな成功をおさめたロバスト制御理論は，実世界と理論のインタフェースとしてのモデルにつきまとう不確かさを，実世界の側で克服するための初めての体系的な知である．地球環境モデルなどでモデルの不確かさが問題となり，一時深刻なモデル悲観論が生み出されたが [4]，制御理論は「実世界とモデルとの整合性」というモデルにかかわるもっとも本質的な問題に，実践的な立場から正面切って取り組むことによって悲観論を克服してきた．

10.4 モデルの客観性と普遍性

モデルの対象は世の中の森羅万象にわたる．しかし分野によってその意味は異なり，機能や表現の仕方や目的も多岐にわたる．その共通項をとった無難な定義は，「実世界の対象を何らかの形で抽象しそれを一定の記述形式のもとで表現したもの」がモデルとなろう．これでモデルとは何か，という問いに対する満足のいく答えになっているだろうか？　たとえば上で述べたモデルの定義は科学の理論にも当てはまる．科学の理論も実世界の抽象であり表現である．そうであるならば，科学の理論も一種のモデルなのであろうか？　ニュートン力学は世界の力学的モデルなのであろうか？　モデルという言葉にきちんとした意味を与えるためにはモデルを限定する必要がある．

モデルと科学理論の違いは一つは客観性の度合いにある．理論は完全に客観的でなければならない．すなわち誰もが正しいと認めて初めて理論のお墨付がもらえる．モデルは必ずしもそうではない．正しいかどうかを検証することができなければならない，という意味でモデルは客観的でなければならないが，一方ではモデルを作った人の考え方を入れることができ，そのゆえに他者から

10章 モデル学は可能か

の批判にさらされる,という点で主観的な側面を持つ.実世界を表現するやり方で理論の対極にあるのが芸術作品である.芸術作品は多様な解釈を許すという点できわめて主観的である.客観性を完全に否定するわけではないが,何よりも重要なのは作者の強力な自我と個性である.実世界を表現する手段として考えたとき,モデルは完全に客観的でなければならない理論と完全に主観的でも構わない芸術作品との中間にある(表10.1).モデルが客観性と主観性の二面性を備えていることはモデルが未知と既知の境界線に位置していることを示している.そうであるからこそモデルは常に発展の可能性を秘めたダイナミックな存在と言えよう.

表 10.1 客観性/主観性

	客観性	主観性
理論	○	×
モデル	○	○
芸術作品	×	○

モデルを普遍/特殊という切口から特徴を浮かび上がらせることもできる.理論と言えば普通は常に成り立つ普遍性をもつと考えられる.ニュートン力学は天体から地上まで巨視的な世界すべてを包括する力学の法則を記述している.その対極にあるのが芸術作品である.たとえば絵画はある特定の場所で特定の対象を特定の時間に描いたものである.対象の特殊性が普遍性よりもきわだって主張される.モデルはこの切口からも両者の中間に位置している.モデルの対象は,たとえばA製鉄所のB圧延機のように,具体的な機器でありシステムである.その意味でモデルは特定のものを対象としている.しかし圧延機のモデルはすべて「圧延」という物理現象を共通の基盤としているという点で普遍性を持つ.普遍性と特殊性の二面性もモデルの特徴の一つである(表10.2).

表 10.2 普遍性/特殊性

	普遍性	特殊性
理論	○	×
モデル	○	○
芸術作品	×	○

10.5 モデルと要素還元主義

「複雑性の科学」のブームはようやく過ぎたようである．工学の対象はもともと複雑であったので，工学にも複雑性の科学が各分野に含まれている．モデリングはそれを横につなぐ規範である．

複雑性のキーワードに「要素還元主義批判」があり，モデリングと深いかかわりがある．世界は本質的には単純な法則に支配されており，複雑さは単純さのマスクにすぎない，という考え方が要素還元主義である．このことの是非は別として，モデリングでは対象を要素に分解する作業が本質的である．この作業を抜きにしてはモデルを作ることはできない．いったん対象を要素に分解し，要素をモデル化しそれを再びつなぎ合わせて全体モデルを再構成していくという方法以外に，モデリングの手順は考えられない．これが要素還元主義と呼ばれるなら，モデリングはまさしく要素還元主義にもとづいている．ただし要素に分けることができ，しかもそれぞれの要素が単純であったとしても，対象が単純であるとは限らない．問題なのは要素の数が多いかではなく，要素の種類の多さであり，結合の多さではなく結合の仕方である．工学では複雑性は要素の異種性と要素間の結合にある．

製鉄所にひときわ高くそびえ立っている溶鉱炉は，計算機が"湯水のように"投入され自動化が極限まで進んでいると思われている製鉄プロセスの中で，自動制御が完全に実施されていないほとんど唯一の装置である．自動制御ができない理由は，溶鉱炉のモデルで信頼のおけるものがまだ存在しないからである．溶鉱炉は巨大な筒状の容器の中に固体，液体，気体さらに粒体，粉体が共存し，主なものだけでも10種類以上の物質が化学変化を通して常にその態容と空間的な配置を変えている．まさに複雑系である．

高炉はほんの一例で，現代のもの作りの現場では現象を記述する数式モデルが大きなウエイトを占めている．モデルの善し悪しが製品の善し悪しを直接左右する場合も少なくない．しかも多品種小量生産が進むにつれてモデルの数と種類は増大し，その保守や更新がきわめて困難な状況が生まれつつある．複雑性と要素還元論をモデリングの視点からもう一度考え直してみる必要がある．

10.6 モデル学は可能か？

　モデルの対象はほとんど無限に多様であり，モデルの目的もきわめて多岐にわたる．対象や目的に依存しない普遍的なモデルとモデリングの理論を作り上げることは可能であろうか？　私は困難ではあるが可能と思う．というより，作らなければならないと考えている．科学や工学の理論は実世界の抽象であるが，初期の段階では実世界にとらえられ未分化の状態にある．それが次第に体系化され整備されていくとともに実世界との分離が起こるが，むしろ分離は理論が成熟していくためのやむをえないプロセスである．

　モデルについての理論はまだ実世界から未分化な目的や対象に依存した段階にある．大域的なモデルを作ること自体に対する懐疑論もある [6]．今後モデルの理論が発展し，普遍的な「モデル学」が確立されることを望みたい [2]．「モデル学」ができればモデルに関する共通の認識をベースにモデルにかかわる次のような問題が解決される：

(1) モデルの不確かさがシミュレーションや予測，制御，決定にどのような影響を及ぼすか？
(2) 構造モデルを作る体系的な方法はあるか？
(3) 実世界の複雑さとモデルの不確かさはどのようにかかわっているか？
(4) モデリングにおいて事前情報と事後データはどのように関連しているか？
(5) 学習とモデリングの関係は？

モデル学は，学問の統合を指向する横断型基幹科学技術の中核となるであろう [3]．

参考文献

[1] Kimura, H.: How does the model get reality, Proc. 2nd Asian Control Conference, Seoul, pp.3–10, 1996.

[2] Kimura, H.: Non-uniqueness, uncertainty and complexity in modeling, *Journal of Applied Computation, Control, Signals and Circuits*, Vol.1, pp.455–485, 1998.

[3] 木村英紀：横断型科学技術の重要性を主張する，『エコノミスト』，平成 14 年 5 月 21 日号．

[4] Oreskes, N., et al.: Verification, validation and confirmation of numerical models in the earth science, *Science*, 263, 1994.

[5] 武谷三男:『弁証法の諸問題』, 理論社, 1961.

[6] 牛田 俊, 木村英紀: Just-In-Time モデリング技術を用いた非線形システムの同定と制御, 『計測と制御』, Vol.44, No.2, pp.102–106, 2005.

[7] Yamashita, M., et al.: Application of H_∞ control to active suspension systems, *Automatica*, Vol.30, No.11, pp.1717–1729, 1994.

11章

「モデル」についての一数学者の雑感

深谷賢治

11.1 モデル

　数学は実世界を表す言葉である,というのはよく言われるし,多くの数学者の信念でもある.本書のテーマ「モデル」を使えば,数学は,世界のモデルを作るための道具である,とも言い換えることができる.「現実」とその数学的な表現の関係は,多くの数学者が気にかけ,それに対する考えは数学者によっていろいろ変わる.

　ある数学的な体系が実世界のモデルである,というのはどういう事だろうか.その尺度は,一つは予言可能性であり,もう一つはモデルそのものの整合性である.予言可能性は分かりやすい尺度であり,私のようなものがなにか述べる必要はあるまい.モデルに従い何か現象を予言し,それを現実によって検証することは,科学の基本的な方法である.モデルという言葉が,比較的限定的な,状況がはっきりした問題に対して使われるときは,これが多くの場合,十分な尺度であろう.

　内的整合性と呼ぶべき,第2の原理が意味を持つ状況は,それとは異なる.たとえば,物理現象全体の統一的モデルを考えるとか,人間の思考一般のモデルを考えるとかいった,非常に規模が大きい問題を考える場合などが,そのような状況の一つの典型であろう.そのような規模の問題を100年単位の長期的な展望で考えるとき,結論に至るまでの長い間の思考を支える何らかの原理がない限り,意味深い研究の継続すら怪しい.そのとき使える尺度が,モデルそのものの内的整合性である.ユークリッド幾何学は,平面の幾何学の一つのモデルと考えられる.その記述様式は,内的整合性を表現するのに最適に工夫さ

---

* 本稿の原記事は,『オペレーションズ・リサーチ』(2007年4月号)に掲載された.

11章 「モデル」についての一数学者の雑感

れている．そこでは，モデルは簡潔な方がよい，といった教訓が，哲学的な原理にまで高められていて，公理からの演繹に全体を還元できる事そのもの，すなわち内的整合性が，正当性の根拠を与えている．　第2の原理のもう一つの意味は，理解可能性である．予言可能性の方が，「答えを出す」というプラグマティックな意味を強く持っているのに対して，理解可能性は，「世界を分かりたい」という，知的好奇心を根源に持っている．この二つの対立は，おそらく，「モデルが実験・現実と合う」ということと「モデルが世界を正しく表現している」ということの相克に関わっていて，モデルとは何かという問題に関わっていると思われる．

11.2　コンピュータ

コンピュータと数学の関係が論じられたとき聞いた，一つの「数学者の悪夢」がある．

ある時，計算能力の大変高いコンピュータが作られ，数学者がそれに向かって，(今のところ数学の最大の難問の一つとされている) リーマン予想について質問した．コンピュータはしばし考えて，YES，と答えた．数学者は理由を知りたかったが，計算機の管理者は，このコンピュータは答えを出すようには設計されているが，その理由を説明するようには設計されていない．答えは絶対に正しいから安心しなさい，と答えた．

これが悪夢であるのは，このYESという答えは，数学の進歩に何物ももたらさないからである．大きな問題の解決は，必ずそこに至る過程で，新しい考え方や概念の発見を伴い，それを元にそこから先への発展の芽が生まれる．ブラックボックスであるコンピュータから得られた単なるYESという答えは，何も生み出さない．

答えだけを出すブラックボックスが重要である状況はあり得る．実際に応用される問題そのものを聞き，その答えが返ってくれば，その通りの適用をすれば，問題が解決する場合もあろう．しかし，それにも限界がある．限界は早晩，たとえば，正しい問題をブラックボックスに問うことができなくなる，という形で現れる．

モデルが，現実に対して理解可能で整合的な像（イメージ）を提出しない限り，現実に対する次のアプローチのやり方そのものを考えることができなくなる．モデルは現実を思考する手段でもあるからである．リーマン予想が（人間によって）証明されるならば，その過程で，（リーマン予想が扱っている）ゼータ関数や素数について，新しいイメージが提出され，それに基づいて，より進んだ予想や考え方が生まれてくる．それを解く過程で再び，新しいイメージが生まれる．これが，リーマン予想の証明に対して，数学者が期待することであり，また，数学が進歩してきた過程である．ブラックボックスから返ってきたYESという答えは，この連鎖を断ち切る．

もちろん以上の記述は偏りすぎていて，正しいかどうかの答えを聞きながら，理解を修正し，正しい理解に至ったとき簡潔な内的整合性も同時に得られる，というのが，科学の多くの場合のストーリーであるのだけれど．

11.3 モデルによる理解

しかし，ここでは，モデルの理解の手段としての側面について話を進めたい．モデルを考えることによって理解をするというのはどういう事なのだろうか．

結論が数学的に組み立てられている限り，それが合っているかどうかが明確に曖昧なく定まるのに対して，モデルによってその世界を理解するというのは，より曖昧である．

あるいくつかの量が現実に現れ，その関係を考えるとき，それが量の間の式として表されているとする．その式がかなり複雑であった場合でも，それによって，何らかの予言は行うことができるし，それが正しければ有用である．しかし，だからといって，その式だけによって量の間の関係を理解したとは考えられないであろう．理解するためには，それらの量が関係するメカニズムを考え，そのメカニズムによって，その複雑な式が導出されることがしめされれば，量の関係を説明するモデルができたと考えるであろう（その意味では，「結論の式」と「それを説明するメカニズム」の関係は，数学での，「結論となる（数学的）事実」と「それを説明あるいは証明するための概念装置」の関係に近い）．

しかし，よく考えると，メカニズムとは何なのかは，かなり曖昧である．たと

11章 「モデル」についての一数学者の雑感

えば,二つの量 A, B の間の関係が $A = B$ であれば,この式そのもので理解はすでにできていると考えるべきであろう.一方,結論となる関係式が複雑な場合でも,それを説明するメカニズムが,それに輪をかけて複雑だとしたら,果たして説明になっているのか,怪しい.

こんな事を書くのは,実は,筆者のような数学者が考える「モデル」は,非常に抽象的である意味で複雑なものであり,普通に考えると,それで物事が簡単になったとは言えない場合が多いからである.にもかかわらず,数学者は,しばしば平然とそのような概念構成に携わり,それを,数学的事実の理解の手段として行う.このことについて説明をしたい.

「事実」に対して,それを説明する「メカニズム」を考えるとき,通常は,すでに知られたいくつかの概念装置の「道具箱」から,どれかを持ってきて,説明をする.それらの概念が人々の間でしばしば使われ,理解が深まっていると,理解は得られやすい.

たとえば,いくつかの点と線を結んだグラフを書いて,点のところに「量」を置き,線に沿って関係を決める,などとしてやれば,分かりやすい「メカニズム」が書ける.

しかし,次のようなメカニズムになるとどうであろうか.「4次元の図形を考え,点,線,面,正四面体(これを3次元単体という),4次元単体(正四面体の4次元版),のそれぞれに量を置き,点とそれが端点である辺,線とそれが辺である面,などの間に関係がある.」こうなると,慣れない人にとっては「メカニズム」そのものが難解で,何の説明にもなっていないと感じるのではないだろうか.しかし,上に述べたのは,4次元単体複体,というもので,幾何学では普通に出てくる自然な対象である.

概念装置の「道具箱」そのものを充実させていくのが,数学の使命である.だから,数学者の考える重要な問題の多くでは,それを理解するための概念装置がまだ存在しない場合が多い.意味深い概念装置を考え出す源泉となることそのものが,問題の重要性の理由であることがしばしばあるからである.

新しい概念は,それが獲得されてしまうまでは,いかに自然なものであっても,しばしば複雑かつ難解に見える.

しかし,話はそれだけでは終わらない.多くの場合,現代数学が構成する概

念装置は，理解したあとでも，決して，グラフのようには，単純で分かりやすいものにはならない．

11.4 現実・人間・論理

「モデル」の構成は，「現実」と「人間」と「論理」の三つの狭間でなされる．

現実とは，説明されなければならない客観的事実であり，あるいは操作されなければならない対象である．

人間はそれを理解したいと考えているか，あるいは，自分の目的に合わせて現実を操作したいと考えている．

論理は現実のモデルがそれに基づいて組み立てられる体系であって，論理に基づく数学がしばしばモデルの言葉を与える．

この三者は，それぞれの内的必然性を持って動いているが，その三者の内的必然性が一致すると考える根拠は特にない．数学者はそれでも，数学の内的必然性を支える「論理」が「現実」の内的必然性と一致すると信じている．これが，数学は実世界を表す言葉である，という冒頭に述べたことの意味である．しかし，世界を理解したい人間の立場が，それと一致するかについては，筆者はそれほど楽観的ではない．

筆者はプログラムを書く能力はないのだが，人間が普通の思考で考える事柄で，プログラムになりやすいことと，なりづらいことがあり，それは，人間にとって考えるのがたやすいか，難しいかとは，必ずしも一致しないことが多い，ということは分かる．

人間はたまたま育った環境や経験の影響下にある．様々な異なった人の間でも，共通部分は大きく，人間同士のコミュニケーションの大きな部分がこの語られる必要がない共通部分に依存している．たとえば，仕事を人間に頼むとき，多くの事は言わなくても常識をわきまえた人間には周知である．一方で，同じ仕事をコンピュータにさせようとすると，この言わずとしれた共通項をあてにできず，それをいちいち具体的に指定しなければならない．

数学が論理のもとに現実から自立するとき，同じような事が起こる．論理と抽象性を武器に，人間のたまたまの現実の縛りを抜け出るのが，数学の自由さ

11章 「モデル」についての一数学者の雑感

の源泉であり，その代償として，「語られる必要がない共通部分」は，出発点で捨て去られなければならない．

だから，人々の間の経験の共通部分がある故に，可能であったコミュニケーションが不可能になる一方，「論理」に，あるいは「数学」にとっては，自然で重要なものが，「人間」にとってそうであるかどうかとは無関係に，しばしば現れてくる．

「論理」にとって自然で重要なものである限り，ある程度までは，専門家が訓練を積み，人間にとって自然な思考をねじ曲げて「論理」に合わせて自己をゆがめることで，それを理解することは可能である．それが，数学の抽象化以後の進歩の実体であったように思われる．

ここまで述べると，理解のための道具としてのモデルを論理と数学の言葉で組み立てるということが，一見して感じられるほど単純な事ではないと筆者が考える理由を分かって頂けるのではないだろうか．理解を可能にすること，というのは，普通に言う，分かりやすくすること，とは意味が必ずしも一致しない．その根拠は，「論理」の世界での内的必然性との一致であり，「人間」にとっての分かりやすさではない．

11.5 結語

ある小説の中で次のような疑問が書いてあった．

昔モーツァルトの音楽，特に後期の作品は，難解すぎるが故に，客離れを起こし，モーツァルトは，経済的に苦境にたった．当時の，一番の音楽通であった貴族たちでさえ，難しすぎるといって，演奏会の切符を買わなかった．モーツァルトの後期のピアノ協奏曲が，現代の必ずしも音楽の素養が深いとも限らない聴衆に，むしろクラッシック音楽の入門として，さして問題なく受け入れられるのはなぜなのだろうか．

同じ小説に書いてあった答えは，次の通りであった．それは人々の「美しい音楽」という感性が進化したからだ．進化をさせたのは，たとえば，モーツァルトの音楽そのものだ．新しく発見された美しい音楽の基準が浸透し，次第に人々の間で理解され，それによって，人々が日常的に聞く音楽が変わることに

よって，人々の音楽に関する感性が進化したのだ．

これを勝手に当てはめると，数学の進化が次第に人々のものの考え方を進化させ，前にはとても理解が難しいと思われた考え方まで，次の世代はいともたやすく理解するようになる，ということになるのだが，とても筆者はそこまでは楽観的になれない．

だからといって，重要な問題には，工夫さえすれば，誰にでも分かりやすく，そして有用なモデルが作れると思います，などという，小学校の優等生のような回答が本当とは思われない．

11.6 おわりに

なんだか，本書の他の章とは離れた，中身のない随筆を書いてしまったようで気が引ける．筆者が研究している数学の内容に関わるようなことを，本書に書けない理由は，本稿の中身を読めばご想像いただけるだろう．

分かりやすいなどとは言えないし，言う気もない．現代数学の高度に抽象化された概念装置が，現実のモデル化のための言葉として，それでも，いやそれだからこそ強力な道具なのだと，筆者が考える理由の一端をご理解いただければ幸いである．

12章

手術室のスケジューリング支援システムについて

● ● ● 鈴木敦夫・藤原祥裕

　病院の手術室は麻酔科医が中心となって管理運営している．手術室の管理運営に関しては，手術のスケジューリング，麻酔医のシフト作成などオペレーションズ・リサーチ (OR) を用いて解決できる問題が数多くある．ここでは，南山大学の鈴木研究室と愛知医科大学の麻酔科学講座とで共同開発中の，これらのスケジューリングやシフト作成を支援するシステムを紹介する．これらのシステムの作成にあたっては，現場で使いやすいように，スケジュールやシフトを作成している麻酔科医や看護師長の知識や経験が生かせるような工夫をしている．現在，これらのシステムは愛知医科大学の麻酔科学講座で試用中である．

12.1　はじめに

　病院などの医療機関への OR の適用は近年急速に普及してきている．ヨーロッパや米国では，ORAHS (The European Working Group on OR Applied to Healthcare Service)，HAS (The INFORMS Healthcare Application Society) という研究グループがあり，各地域での，この分野の研究の中心になっている．我が国でも医療機関に関連した OR 研究が徐々に進んでいる．特に，スケジューリングに関しては，ナーススケジューリングに関する研究 [2] や，介護に関するスケジューリングに関する研究，またその研究成果に基づく実用的なシステムが公開されているなど [3]，実用に供されているシステムも存在する．これからますます医療分野への OR の普及は進んでいくと思われる．

　その背景として，最適化のアルゴリズムの研究が進み [10]，また，その成果を取り入れた高性能の最適化ソフトウェアが安価に利用可能になって，病院な

---

* 本稿の原記事は，『オペレーションズ・リサーチ』(2013 年 9 月号) に掲載された．

12章　手術室のスケジューリング支援システムについて

どの医療機関での実用的な規模のスケジューリング問題が短時間で解けるようになっていることがあげられる．しかしながら，現状では，看護師のシフトスケジューリングの作成問題に代表されるように，ORの研究成果は，現場で広く受け入れられるまでには至っていない．病院の情報システムの一部には，給与システムに連動した看護師のシフト作成のツールが付属している場合も多いが，実際には，担当者が手作業で作成したシフトをそのシステムに入力して給与計算だけに利用している例が多い．このように現場ではORの成果がまだ十分に利用されていないという問題がある．

この問題を解決し，現場で使われるシステムを作成するには，現場で担当者が直面している問題をシステムの作成者がよく理解し，その上で担当者がシステムにどのようなことを望んでいるかを考えることが重要である．ここでは，実際に手術室の現場で使ってもらえるシステムを目指して，南山大学の鈴木研究室と愛知医科大学の麻酔科講座が共同で開発中のスケジューリング支援システムを紹介する．開発を目指しているシステムは，麻酔科医の当直シフト作成システム，手術スケジューリング作成システムである．麻酔科医の当直シフト作成システムは，麻酔科医が行う夜間の当直のシフト作成を支援するシステムである．このシフトは1カ月単位で作成されている．手術スケジューリング作成システムは，病院で行う手術をどの手術室でいつ行うのかというスケジュールを作成するシステムである．

麻酔科医の当直シフト作成システムでは，実際にシフト作成を行う担当者が，システムが自動的に作成したシフトを知識や経験に基づいて修正できるようにした．まず，シフト作成のための条件を入力して，後述のように定式化したシフト作成問題を解いて初期のシフトを作成する．そのシフトを担当者が直接修正し，もしくはシフト作成のための条件を変更して，再度シフト作成問題を解いてシフトを作成する．これを担当者が知識と経験に照らして，妥当と判断するシフトが得られるまで繰り返す．この方法により，担当者の知識や経験が生かせることになり，しかもシフト作成の手間は大幅に減少する．また，シフト作成問題は，後述のようにごく短時間で解けるので，満足できるシフトが得られるまで何度でも試行錯誤を繰り返すことができる．

本システムで採用したこの方法は，南山大学鈴木研究室が過去に開発したス

ケジューリングシステムでも用いられている.南山大学の入学試験関係のいくつかのシフトスケジューリングシステム [11] もこの方法を採用している.2003年から開発を始めた入学試験監督者の割当システムは,入試方法の変更に合わせて修正しながら11年間使われている.ホームセンターのシフト作成システム [9] もこの方法を採用し,すでに5年間使われている.これらのシステムが長期間にわたって使用されていることをふまえ,われわれが作成しているスケジューリング関係のシステムではこの方法で担当者の知識や経験を生かせるように設計している.たとえば,現在開発中の南山高等学校・中学校の時間割システム [12] でも,計算によって得られた時間割を容易に修正できるようにしている.実際,このシステムを使って2013,2014年度の時間割を作成した際には,このことが有効であることが確かめられた [13].

以降の節では,麻酔科医の当直シフト作成システム,手術室のスケジューリングシステムについて紹介する.12.2節では,麻酔科医の勤務について,12.3節では試作したシステムを紹介する.12.4節では,シフト作成問題の定式化とこの問題をCPLEXを利用して解いた際の計算時間について述べる.12.5節では,手術室のスケジューリングシステムの概略を紹介する.12.6節ではまとめと今後の開発予定について述べる.

12.2 麻酔科医の勤務について

近年,手術を中心として,手術前,手術後を含めた周術期医療の重要性が増している.周術期医療では,麻酔科医がチームリーダーとなってチーム医療が行われる.そこでは,麻酔科医の果たす責任は非常に重く,手術室内での患者の容態管理のみならず,手術を受ける患者の治療においても麻酔科医の重要性は増している.一方で麻酔科医の養成は遅れており,我が国では,麻酔科医は大幅に不足している.現在では麻酔科講座を持つ大学も増加しており,将来的には不足は解消される可能性が高い.しかし,医療の高度化に従って,手術の件数も増えており,麻酔科医の需要も増加している.ここしばらくは,麻酔科医の不足状態は解消されそうにない [1].

それに伴って,麻酔科医一人当りの業務が増加し,勤務時間も長時間におよ

12章　手術室のスケジューリング支援システムについて

んでいる．ときには，昼間の勤務の直後に夜間の当直をしなくてはならないこともあるくらいである．さらに，自分が所属する病院での勤務に加えて，麻酔科医が不足している他の病院への応援にも行かなくてはならない．また，大学病院に所属する麻酔科医は，研究者として学会に参加して情報収集するとともに，研究成果を発表しなければならない．これらの勤務の状況は限界に近付いており，麻酔科医がたずさわる業務の効率化は急務である．

　そのような激務の中で，麻酔科医は手術室の管理運営を行っている．麻酔科医の主たる勤務場所が手術室であるので，管理運営を任されているのである．その管理運営に当たっては，一部で病院の情報システムの支援を受けているものの，ほとんどが手作業によっている．たとえば，ここで取り上げる当直医のシフトは，経験の豊富な麻酔科医が1日がかりで作成している．

　一方では，手術は病院にとって最も利益になる治療であるという側面がある．現在の医療保険制度では，病院にとって手術が大きな収入源の一つである．したがって，現有の手術室の設備と医師，看護師の体制でできるだけ多くの手術を行うことは，一刻も早く手術を行って患者の命を救うという意味のみならず，病院経営にとっても重要な問題になっている．

　このように，手術室の管理運営の効率化は病院の経営にとっても重要である．この管理運営は，経験を積んだ麻酔科医に，看護師長も加わって行われている場合が多い．麻酔科医は激務をこなしながら，看護師長は本来の業務である周術期医療での業務をこなしながら，手術室の管理運営を行っている．また，管理運営の業務として作成したシフトの品質に関しては必ずしも十分でない場合もある．麻酔科医や看護師長が管理運営に費やす時間や手間を減らし，品質の高いシフトを作成することは，彼らの本来の業務である医療に専心できる時間を増やすと同時に，手術室の効率の向上という意味で病院経営にとって重要である．

　愛知医科大学でも，手術室の管理運営で重要な各種のスケジューリングは手作業で行われている．麻酔科医の当直シフトは医局長などの経験豊富な麻酔科医がほぼ1日かけて，手術のスケジュールは看護師長がそれぞれ1日から4日かけて作成している．また，作成したシフトや手術のスケジュールについては，現場からの意見によって修正されることも多い．特に，手術のスケジュールに

ついては，毎週，各診療科の代表が集まって調整するなど，麻酔科のみならず，他の科の医師の負担にもなっている．

われわれは，手作業で行うスケジュールの作成の大きな負担を軽減するために，これらを効率的に作成するシステムを作成することにした．このシステムが完成すれば，麻酔科医や看護師長の負担は大幅に減少するとともに，手術のスケジュールや，それに伴う麻酔科医のシフトが改善される．また手術室の効率が上がれば，病院経営にも貢献することができる．

ここでは，その取組みの最初の例として，麻酔科医の夜間の当直シフト作成システム [4] を紹介する．このシステムは，愛知医科大学に勤務する 22 名の麻酔科医の夜間の 6 種類の当直勤務に対するシフトの作成を支援するシステムである．次節で紹介するように，Excel のシート上のインタフェースを持ち，ごく短時間でシフトを作成できるように設計されている．

12.3 麻酔科医の当直シフト作成システムについて

愛知医科大学では，手術は通常は昼間に行われるので，麻酔科医はそれに対応して昼間の勤務 (当番と呼ばれている) を行う．夜間は，緊急の手術や，患者の容態の急変に備えて当直勤務をしなくてはならない．最も重要なのは SICU (Surgical Intensive Care Unit) と呼ばれる設備の当直である．その他に，麻酔科当直①，②，居残り①/待機，居残り②，③と呼ばれている 5 種類の当直勤務がある．各当直勤務は 1 名の麻酔科医が行う．

麻酔科医は経験によってランク付けされており，経験豊富なランク 1 の麻酔科医は現在 22 名中 8 名である．ランク 1 の麻酔科医は最も重要な SICU 当直勤務を担当する．ランク 2，ランク 3 の麻酔科医はそれぞれ残りの 5 種類の当直勤務を担当する．麻酔科医は希望する日に休みを取得でき，また，学会参加や，他病院への応援の日も確保しなくてはならない．

麻酔科医の当直シフト作成システムの作成にあたっては，経験を積んだ麻酔科医である担当者がその知識や経験をシフト作成に取り入れられる次のような工夫をした．麻酔科医や勤務に関する種々の条件を入力して，次節で定式化を説明するシフトスケジューリング問題を解く．担当者は得られたシフトに修正

12章 手術室のスケジューリング支援システムについて

を加え,さらに条件も修正して再度スケジューリング問題を解く.この過程を繰り返して,担当者が妥当と判断するシフトを作成する.次節で紹介するように,シフトスケジューリング問題はごく短時間で解くことができ,担当者は短時間で幾通りもの試行錯誤をすることができる.以降では,[4]で作成した実際のシステムの画面を紹介しながらシステムを紹介する.

図12.1はシステムのインタフェースである.Excelのシートの上部に配置する.シフトを作成する作業の順にボタンが並んでおり,これらを順にクリックすることでシフトを作成する.ボタンをクリックすると,Excel上の必要なシートに移動できるようになっている.「固定・修正」ボタンと「計算実行」ボタンの間には矢印でループが表示されている.これは前述の繰返しの作業をこのループで行うことを示している.また,「計算実行」,「勤務情報」,「固定・修正」の各ボタンを結んでもう一つのループが矢印で表示されている.これは,条件の変更を行う作業を示している.

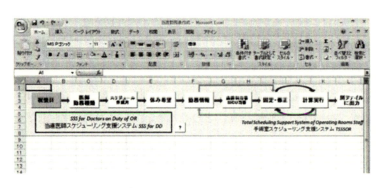

図 12.1 麻酔科医当直シフト作成システムのインタフェース部分

図12.2は,図12.1の「勤務情報」ボタンで各種の条件を調整した後で,「計算実行」ボタンをクリックして2回計算した結果である.調整後の条件を満たすシフトが得られたことを示している.もし,担当者がこのシフトは妥当でないと判断した場合には,再度「勤務情報」ボタンをクリックして条件を変更して再計算することで新しいシフトを作成することができる.

12.4 問題の定式化について

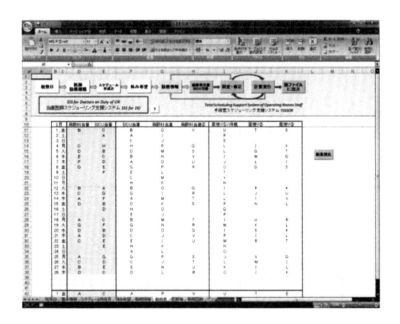

図 12.2 最終的に得られた麻酔科医のシフト．反復をすることで適切な麻酔科医が各当直に割り当てられた

12.4 問題の定式化について

ここでは，[4] で行った問題の定式化について述べる．まず記号の定義を示し，その後，定式化を示す．最後に目的関数と制約式の意味について簡単に紹介する．

記号の定義

集合

D：麻酔科医の全体の集合　$d \in D$

D_1：ダミーを除いた麻酔科医全体の集合

R：麻酔科医のランクの集合　$r \in R = \{1, 2, 3, 4\}$

　$r = 1$：ランク 1, $r = 2$：ランク 2, $r = 3$：ランク 3,

　$r = 4$：ダミーの麻酔科医が属するランク

G_r：$\{i | i$ はグループ r に属する麻酔科医 $\}, r \in R$

12章 手術室のスケジューリング支援システムについて

T：日にちの集合　$t \in T = \{1, 2, \ldots, T\}$
S：当直勤務の集合　$s \in S = \{1, 2, 3, 4, 5, 6\}$
　$s = 1$：SICU当直, $s = 2$：麻酔科当直, $s = 3$：麻酔科当直2
　$s = 4$：居残り①/待機, $s = 5$：居残り②, $s = 6$：居残り③

定数

$$p_d = \begin{cases} 1 & \text{麻酔科医 } d \text{ は当直勤務が可能である} \\ 0 & \text{その他の場合} \end{cases}$$

$$a_{ts} = \begin{cases} 1 & t \text{ 日に当直勤務 } s \text{ を割り当てる} \\ 0 & \text{その他の場合（土日祝など）} \end{cases}$$

$$b_{dt} = \begin{cases} 1 & \text{麻酔科医 } d \text{ が } t \text{ 日の昼間に麻酔科当番を行う} \\ 0 & \text{その他の場合} \end{cases}$$

$$c_{dt} = \begin{cases} 1 & \text{麻酔科医 } d \text{ が } t \text{ 日の昼間に SICU 当番を行う} \\ 0 & \text{その他の場合} \end{cases}$$

$$e_{dts} = \begin{cases} 1 & \text{麻酔科医 } d \text{ の } t \text{ 日の当直勤務 } s \text{ を固定する} \\ 0 & \text{その他の場合} \end{cases}$$

$$f_{dt} = \begin{cases} 1 & \text{麻酔科医 } d \text{ が } t \text{ 日に休みを希望する} \\ 0 & \text{その他の場合} \end{cases}$$

$$g_{dt} = \begin{cases} 1 & \text{麻酔科医 } d \text{ が } t \text{ 日に当直勤務を行う} \\ 0 & \text{その他の場合} \end{cases}$$

$$h_{rs} = \begin{cases} 1 & \text{ランク } r \text{ の麻酔科医が勤務 } s \text{ を行うことができる} \\ 0 & \text{その他の場合} \end{cases}$$

12.4 問題の定式化について

ds^-：1か月当りの麻酔科医 d の当直勤務 s の回数の下限値

ds^+：1か月当りの麻酔科医 d の当直勤務 s の回数の上限値

o：前月から引継ぎを考慮すべきスケジュール日数

m_s：当直勤務 s のあと，次に同じ当直勤務 s を行うまでの最低日数

n：当直勤務を行ったあと，次にいずれかの当直勤務を行うまでの最低日数

決定変数

$$x_{dts} = \begin{cases} 1 & \text{麻酔科医 } d \text{ が } t \text{ 日に当直勤務 } s \text{ をする} \\ 0 & \text{その他の場合} \end{cases}$$

y_{ds}^-：麻酔科医 d の当直勤務 s の回数の下限値の緩和のための変数

y_{ds}^+：麻酔科医 d の当直勤務 s の回数の上限値の緩和のための変数

u_{ds}：麻酔科医 d が前月のスケジュールを考慮した最初の当直勤務 s を行ったあと，次に同じ当直勤務 s を行うまでの休みの最低日数の緩和のための変数

v_d：麻酔科医 d が前月のスケジュールを考慮した最初の当直勤務を行ったあと，次にいずれかの当直勤務を行うまでの休みの最低日数の緩和のための変数

x_{dts} 以外の変数，y_{ds}^+ と y_{ds}^-, u_{ds}, v_d は制約条件を緩和して問題が実行不可能にならないようにするために導入した変数である．

以上の変数を用いて問題を定式化すると，

目的関数

$$\max \sum_{d \in D} \sum_{t \in T} (b_{dt} x_{dt1} + c_{dt} x_{dt1}) - \sum_{d \in G_4} \sum_{t \in T} \sum_{s \in S} x_{dts} \\ - \sum_{d \in D} \sum_{s \in S} (y_{ds}^- + y_{ds}^+) - \sum_{d \in D} (\sum_{s \in S} u_{ds} + v_d)$$

12章 手術室のスケジューリング支援システムについて

制約条件

$$\sum_{s \in S} x_{dts} \leq 1, \ d \in D, \ t \in T \tag{12.1}$$

$$\sum_{d \in D} x_{dts} = a_{ts}, \ t \in T, \ s \in S \tag{12.2}$$

$$\sum_{s \in S} x_{dts} \leq p_d, \ d \in D, \ t \in T \tag{12.3}$$

$$\sum_{t'=t}^{t+m_s} x_{dt's} \leq 1 + u_{ds}, \ d \in D_1, \ s \in S, t = 1, \ldots, o-1 \tag{12.4}$$

$$\sum_{t'=t}^{t+m_s} x_{dt's} \leq 1, \ d \in D_1, \ s \in S, \ t = o, \ldots, |T| - m_s \tag{12.5}$$

$$\sum_{t'=t}^{t+n} \sum_{s \in S} x_{dt's} \leq 1 + v_d, \ d \in D_1, \ t \in 1, \ldots, o-1 \tag{12.6}$$

$$\sum_{t'=t}^{t+n} \sum_{s \in S} x_{dt's} \leq 1, \ d \in D_1, \ t \in o, \ldots, |T| - n \tag{12.7}$$

$$l_{ds}^- - y_{ds}^- \leq \sum_{t \in T} x_{dts} \leq l_{ds}^+ + y_{ds}^+, \ d \in D_1, \ s \in S \tag{12.8}$$

$$\sum_{d \in G_r} x_{dts} = h_{rs}, \ r \in R, \ t \in T, \ s \in S \tag{12.9}$$

$$\sum_{s \in S} x_{dts} \leq 1 - f_{dt}, \ d \in D, \ t \in T \tag{12.10}$$

$$\sum_{s \in S} x_{dts} \geq g_{dt}, \ d \in D, \ t \in T \tag{12.11}$$

$$x_{dts} \geq e_{dts}, \ d \in D, \ t \in T, \ s \in S \tag{12.12}$$

$$x_{dts} \in \{0,1\}, \ d \in D, \ t \in T, \ s \in S$$

$$y_{ds}^-, y_{ds}^+, u_{ds}, v_d \geq 0, \ d \in D, \ s \in S$$

目的関数の第1項は，昼間のSICU当番と続けてSICU当直を行う麻酔科医の人数，第2項は当直を割り当てられるダミー麻酔科医の人数，第3項はあらかじめ定められた当直回数の上下限を超えている回数の総和，第4項は当直の間のあらかじめ定められた間隔を下回る日数の総和を表している．第2項，第3項と第4項は問題が実行不可能にならないように目的関数に加えられている．

以下，制約条件について述べる．麻酔科医は医師と略することにする．

式(12.1)は，医師は各日，各当直シフトに高々1回しか入れない：式(12.2)は当直勤務が必要な日には必ず医師を割り当てる：式(12.3)は当直勤務可能な医師のみを割り当てる：式(12.4)はダミーを除いた医師がある当直を行った場合，次に同じ当直を行うまで，あらかじめ定められた日数だけ間隔をあける，ただし前月から引き継いだ日に当直があったとき，あけられなかった場合も認め，その回数は変数 u_{ds} に蓄えられる：式(12.5)は当月のシフトだけを考え，式(12.4)と同様，必ず決められた日数だけ間隔をあける：式(12.6)は当直を行なった場合，どの当直でも次の当直を行うまで，あらかじめ定められた日数だけ間隔をあける，ただし前月から引き継いだ日に当直があったとき，その日数だけ間隔をあけられなかった場合も認め，その回数は v_d に蓄えられる．式(12.7)は当月のシフトだけを考え，式(12.6)と同様，必ず決められた日数だけ間隔をあける：式(12.8)はある医師がある当直を行う回数は，あらかじめ定められた上限と下限の間になくてはならない．ただし，上限を上回る場合と下限を下回る場合も認め，その回数はそれぞれ y_{ds}^+ と y_{ds}^- に蓄えられる：式(12.9)は，医師はランクごとに定められた当直を行う：式(12.10)は医師の休み希望を実現する：式(12.11)はあらかじめ定められた医師が当直を行う：式(12.12)は，医師はあらかじめ固定された当直を行う．式(12.4)，式(12.6)，式(12.8)で導入した u_{ds}, v_d, y_{ds}^+ と y_{ds}^- は制約を緩和するために導入した変数で，制約をなるべく満たすように，目的関数に組み入れられている．

12.5 手術室のスケジューリング

多くの病院では，手術室のスケジューリングを，麻酔科をはじめ手術を行う各診療科の医師たちが，手術部の看護師長が作成したスケジューリング原案を

12章 手術室のスケジューリング支援システムについて

もとに話合いで決定している.愛知医科大学では,毎週1回,この話合いが行われており,各診療科が予定している手術に,緊急で行われる手術を加えてスケジューリングが決定されている.

本システムは,手術部の看護師長が作成するスケジュールの原案作成を支援する.現在,愛知医科大学では,各診療科の外科医が申請する,希望する手術開始時刻と手術所要時間とをもとに,手術部の看護師長がスケジュールの原案を作成している.この原案については,以下の問題がある.

まず,各診療科の執刀医が申請する手術所要時間は正確性を欠く場合がある.中には,申請した所要時間を大幅に超えて手術が行われる場合もある.このような不正確な所要時間をもとに作成したスケジュールはしばしば手術室全体の所要時間を延長させ,手術部のスタッフの残業を増加させている.

次に,看護師長は手術室のスケジューリングに多くの手間と時間をかけている.実際,愛知医科大学では,看護師長は執刀医と手術室の空き時間の調整などに手間がかかり,その結果,1週間の手術室のスケジューリングにおおむね2時間半の時間が必要となっている.さらに,毎週行われる各診療科とのミーティングには,医師と看護師長をはじめ多くの参加者が加わって手術室のスケジューリングを調整している.これらの労力は,本来の医療行為に振り向けられるべきものである.

われわれが開発中のシステムには,これらの問題を解決するために以下の機能を持たせている.

まず,過去の手術のデータから手術の所要時間を推定し,執刀医が申請する手術所要時間がこの推定値とかけ離れている場合には,この推定値を手術所要時間としてスケジュールの原案作成を行う [5].これによって,スケジュールの原案は,より正確な手術の所要時間をもとに作成できるようになり,不正確な所要時間によって生じるスケジュールの大幅な遅延を減らすことができる.

次に手術室のスケジューリング問題を 0-1 整数計画問題として定式化し,CPLEX を利用して解く [6].この問題を解く CPLEX のプログラムはシステムの中に組み込まれ,ごく短い時間でスケジューリングを行えるようになっている [7].実際,愛知医科大学の例で計算を行ったところ,この問題を解くための計算時間は,標準的な PC で 13 秒であった.

さらに，本システムは，実際にスケジューリングを行う看護師長が使いやすいように，ごく簡単なインタフェースを持たせている．図12.3は試作中のインタフェースである．インタフェース上のボタンをクリックすることで，データの読み込み，手術時間の推定，スケジューリングの実行などができるように工夫してある．また，結果はExcelのシートに出力されるので，手作業での修正も簡単にできる．

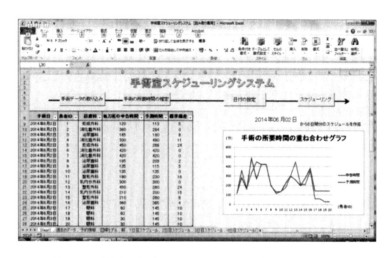

図 12.3 手術室スケジューリングシステムのインタフェース部分

12.6 まとめ

愛知医科大学の手術室に関する，手術のスケジューリング，麻酔科医の当直シフト作成は本来相互に関連している作業である．手術のスケジューリングが決まってから，麻酔科医のシフトが決まる．その際に，再度手術のスケジュールを見直すことができれば，手術室に関わる人的資源の無駄も省け，手術室の効率も上がるはずである．

現在，紹介した開発中の二つのスケジューリングシステムの改良を進めている．また，別途開発した麻酔科医の昼間のシフト作成システム[8]と当直シフト作成システムの統合にも取り組み始めている．もしこれが実用化されると，麻

12 章 手術室のスケジューリング支援システムについて

酔科医のスケジューリングは，手間とその質の面で大幅に改善できる．

参考文献

[1] 藤原祥裕：データから読み解く医療サービス―急性期医療を中心に―，『オペレーションズ・リサーチ』，Vol. 58, pp. 651–656, 2013.

[2] 池上敦子，丹羽明，大倉元宏：我が国におけるナーススケジューリング，『オペレーションズ・リサーチ』，Vol. 41, pp. 436–442, 1996.

[3] 池上敦子，宇野毅明，足立幸子他：運用コストを重視した最適化：小規模な事業所で運用可能なシステムを考える，『オペレーションズ・リサーチ』，Vol. 57, pp. 695–704, 2012.

[4] 今泉孝徳：手術室スケジューリング支援システムの試作，『南山大学大学院数理情報研究科数理情報専攻 2012 年度修士論文』，2013.

[5] 伊藤真理，鈴木敦夫，藤原祥裕：手術室スケジューリングのための手術所要時間の推定について，『日本経営工学会春季大会予稿集』，pp. 74–75, 2014.

[6] 伊藤真理，鈴木敦夫，藤原祥裕：手術所要時間の予測値を用いた手術室のスケジューリング，『日本オペレーションズ・リサーチ学会 2014 年秋季研究発表会予稿集』，1-D-4, pp. 62–63, 2014.

[7] 伊藤真理，鈴木敦夫：愛知医科大学における手術櫃のスケジューリング支援システムについて，『日本手術学会第 36 回総会プログラム・抄録集』，pp. 119, 2014.

[8] 勝田綾奈，中村衣里：麻酔科医のシフトスケジューリングについて，『南山大学情報理工学部情報システム数理学科 2012 年度卒業論文』，2013.

[9] 鈴木敦夫：ホームセンターのサービスイノベーション：最適店舗レイアウトとシフト作成（<特集>サービスイノベーションと OR の視点），『オペレーションズ・リサーチ』，Vol. 56, pp. 439–444, 2011.

[10] 柳浦睦憲，茨木俊秀：『組合せ最適化―メタ戦略を中心として』，朝倉書店，2001.

[11] 山本佳奈，鈴木敦夫：南山大学における入試監督者自動割当システムの作成，『オペレーションズ・リサーチ』，Vol. 54, pp. 335–341, 2009.

[12] 山本佳奈，鈴木敦夫，寺田尚広：中高一貫校の時間割編成支援システムの試作，『スケジューリング・シンポジウム 2012 講演論文集』，pp. 145–150, 2012.

[13] 山本佳奈，鈴木敦夫，寺田尚広：中高一貫校の時間割作成の改良―平成 25 年度の時間割を作成して―，『スケジューリング・シンポジウム 2013 講演論文集』，pp. 41–45, 2013.

13章

マッチングモデル

田村明久

13.1 はじめに

　免許取得直後の医師にとっては経験豊かな医師の下で臨床経験を積む臨床研修は貴重な機会であり，一方病院にとっては若い労働力を確保するための機会でもある．臨床研修は研修医・病院の双方にとって望むべきものである．かつての米国においては，優秀な研修医を確保するために病院は競って採用時期を早め，採用決定時期がメディカルスクール卒業2年前まで早まってしまった．これを受けて米国ではすべての研修医を研修病院に一斉に配属させる臨床研修マッチングの制度を1950年代から導入した．現在でもこの制度を用いて毎年2万から3万人の研修医を病院に配属させている．

　日本では，医師免許取得後に臨床研修を受けることは2004年以前は努力規定であり，大学の医局が研修医の人事権を掌握し，研修医や病院の希望に沿った臨床研修が必ずしも実施されていなかった．米国とは異なる状況ではあったが，日本においても医科では2004年より，歯科では2006年より臨床研修を受けることが義務化された．これにともない臨床研修医の研修病院への割当てを全国的な規模で行う医師臨床研修マッチングが2004年から始動した[7]．毎年参加研修医数が約8500人，参加病院数が約1000施設という規模で実施されている．

　医師臨床研修マッチングという制度は，研修医の希望病院に対する優先順序と病院の研修希望者に対する優先順序のもとで，研修医からも病院からも不満が出ない割当てを求める．この制度ではGale・Shapley [4]による安定結婚モデルが利用されている．

---

* 本稿の原記事は，『オペレーションズ・リサーチ』（2005年4月号）に掲載された．

13章 マッチングモデル

研修医の集合と病院の集合を例とするような二つの交わりを持たない主体の集合を考え，異なる集合に属する主体間の割当てや物の売り買いを扱う市場モデルは two-sided matching market などと総称されている（本稿ではマッチングモデルと呼ぶことにする）．マッチングモデルには，先の安定結婚モデルと Shapley・Shubik [15] による割当ゲームという二つの標準的なモデルがある．割当ゲームでは主体間の貨幣のやり取りを許すが，安定結婚モデルではそれを許さないのが最大の相違点である．医師臨床研修マッチングでは，複数の研修医が同一の病院に配属されるため，多対1の割当てであるが，本稿では簡単のために1対1の割当てのみを対象とし，安定結婚モデル，割当ゲームおよびこれらを特殊ケースとして含むモデルについて紹介する．

本稿の話題は，1962年の Gale・Shapley の論文から始まり50年以上経つものであるが，マーケットデザインと呼ばれる経済学の新分野における成功例の一つとして現在においても盛んに研究されている．2012年のノーベル経済学賞は，マッチングモデルにおける「安定配分の理論とマーケットデザインの実践に関する功績」を讃えて，Albin E. Roth と Lloyd S. Shapley に授与された．

13.2 安定結婚モデル

安定結婚モデルでは，交わりを持たない二つの集合を男性の集合 M と女性の集合 W としてしばしば説明がなされる．簡単のために，男女の人数は同じ n とする．「結婚」とあるように，n 対の男女の組を作り，それぞれを結婚させる状況を想定する．この条件を満たす男女の組の集合をマッチングと呼ぶことにする．図 13.1 は，$M = \{a, b, c, d\}$, $W = \{1, 2, 3, 4\}$ の場合のマッチングの例で，組を成す男女を辺で結んでいる．

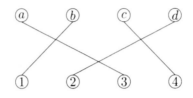

図 13.1 マッチングの例

13.2 安定結婚モデル

安定結婚モデルでは，結婚させた組が離婚しないようなある種の安定性が提案されている．この安定性を導入するために，各人は異性に対して好みの順番をもつとする．ここでは [4] で扱われている状況より少し融通を持たせ，同程度に好きである状況（無差別）を許すことにする．与えられたマッチング X に対して，X では組とならない男性 i と女性 j が存在し，i は X でのパートナーよりも j を好み，j も X でのパートナーよりも i を好むならば，i と j がより好ましい相手との再婚を望むとみなし，X は不安定であると定義する（パートナーと同程度に好きな異性とは，離婚してまで再婚する意志がないとしている）．マッチングが上の意味で不安定でないとき，安定であるという（無差別を許す場合には他にも安定性が定義されるが，これらと区別するために弱安定ということもある）．Gale・Shapley は，無差別がない場合に安定マッチングを求めるアルゴリズムを提案することで，その存在を構成的に示している．無差別を許す場合も同様の議論が通用し，常に安定マッチングが存在する．安定マッチングの存在証明については，非構成的なものとして不動点定理を用いたものもある（たとえば [1,2,6] 参照）．

無差別がない場合の Gale・Shapley のアルゴリズムを簡単に説明しておこう．このアルゴリズムでは，初期状態ではどの人も婚約していないとする．各ステップ k ($k = 1, 2, \ldots$) において，婚約者のいない男性は，今までにプロポーズしていない中で最も好きな女性にプロポーズをし，各女性は第 $(k-1)$ ステップで婚約した男性と第 k ステップで新たにプロポーズしてきた男性の中から最も好きな男性と婚約する．すべての男女に婚約者ができた時点で終了し，婚約者同士を結婚させる．たとえば，表 13.1 の状況を考える．この例では，松太は雪乃，花織，月佳の順に好きであるとみなす．第 1 ステップでは，松太と梅男が雪乃に，竹蔵が月佳にプロポーズし，雪乃は松太を，月佳は竹蔵を選び婚約する．第 2 ステップでは，梅男が月佳にプロポーズし，月佳は竹蔵と梅男から好

表 13.1 男性と女性の順位付け

松太	雪乃	花織	月佳	雪乃	竹蔵	松太	梅男
竹蔵	月佳	花織	雪乃	月佳	松太	梅男	竹蔵
梅男	雪乃	月佳	花織	花織	梅男	松太	竹蔵

きな方の梅男を選び婚約する．第3ステップでは，竹蔵が花織にプロポーズし，花織と竹蔵が婚約し，安定マッチング（松太と雪乃，竹蔵と花織，梅男と月佳）が求まりアルゴリズムが終了する．

一般に安定マッチングの個数は一つとは限らない．たとえば表 13.1 の場合には先ほど求めたもの以外に

（松太と花織，竹蔵と雪乃，梅男と月佳）
（松太と月佳，竹蔵と雪乃，梅男と花織）

という二つの安定マッチングが存在する．上で説明した Gale・Shapley のアルゴリズムでは男性側がプロポーズをしたが，この場合は各男性は安定マッチングでパートナーとなる女性の中で最良の人と結婚できる．もし女性側がプロポーズをするようにアルゴリズムを変更すると3番目の安定マッチングが求まる．

割当ゲームの設定と合わせるために，以下では安定結婚モデルの安定性の別表現を与える．まず各人の異性に対する好みの順番を正実数により表す．具体的には，男性 $i \in M$ の女性 $j \in W$ に対する評価を $a_{ij} > 0$ で表し，$a_{ij} > a_{ik}$ のときかつそのときに限り i は j を k より好むとし，$a_{ij} = a_{ik}$ のとき i は j と k を同程度に好むとする．また女性 $j \in W$ の男性 $i \in M$ に対する評価を $b_{ij} > 0$ で表し，上と同様に好みの順番と対応させる．このとき，マッチング X が安定であることの定義は，次の条件を満たす n 次元ベクトル $q = (q_i \mid i \in M), r = (r_j \mid j \in W)$ が存在することと書き換えられるのは明らかであろう：

(m1) 各 $(i,j) \in X$ に対して $q_i = a_{ij}$ かつ $r_j = b_{ij}$，
(m2) 各 $(i,j) \in M \times W$ に対して $q_i \geq a_{ij}$ または $r_j \geq b_{ij}$．

ただし $M \times W$ は男女の組全体から成る集合とする．(m1) を男性 i と女性 j が結婚することでそれぞれ q_i, r_j という収入を得ると解釈すると，(m2) はどの男女の組に対しても二人が同時により大きな収入を得ることはないことを意味している．

13.3 割当ゲーム

割当ゲームでも主体の集合を安定結婚モデル同様に同じ大きさの男性集合 M

13.3 割当ゲーム

と女性集合 W としよう．前節の後半部分と同様に，各男女の組 (i,j) に対し二つの正実数 $a_{ij}, b_{ij} > 0$ が与えられているとする．割当ゲームでは，これらの実数は i と j が組んだときにそれぞれ a_{ij} と b_{ij} という利益を上げることができると解釈する．割当ゲームでもマッチングの安定性を考えるが，利益の供与が許されている点が安定結婚モデルの設定と大きく異なる．すなわち，マッチング X の男女の組 (i,j) は二人の総利益 $a_{ij} + b_{ij}$ を配分し，それぞれの収入 q_i と r_j を得る．割当ゲームでは，以下の条件を満たす男性の収入ベクトル $q = (q_i \mid i \in M)$ と女性の収入ベクトル $r = (r_j \mid j \in W)$ が存在するとき，マッチング X は安定であると定義する：

(a1) 各 $(i,j) \in X$ に対して $q_i + r_j = a_{ij} + b_{ij}$,
(a2) 各 $i \in M$ に対して $q_i \geq 0$ かつ 各 $j \in W$ に対して $r_j \geq 0$,
(a3) 各 $(i,j) \in M \times W$ に対して $q_i + r_j \geq a_{ij} + b_{ij}$.

(a1) は先に述べたようにマッチング内の組は総利益を配分できることを意味する（安定結婚モデルの (m1) と比較して頂きたい）．(a2) は，負の収入を得るくらいならば誰とも組まず収入 0 の方がましであり，その場合に X は安定とは言えないことを意味する．(a3) は，どの男女の組も q, r の下での合計収入を上回る利益を得ることができないことを主張している．もし (a3) が不成立ならば，ある組 (i,j) が存在し $q_i + r_j < a_{ij} + b_{ij}$ となる．このとき，i と j は総利益 $a_{ij} + b_{ij}$ を適切に配分することで共に収入を増やすことができる．すなわち，i と j は互いに X でのパートナーよりも好ましい存在となり，マッチングの組み替えを希望するため X は不安定であると言える．まとめると，(a1) の下で (a2) と (a3) が成立するならば，単独の希望で組を解消したり，男女の組の希望によりマッチングが壊されることはない．

割当ゲームにおける安定マッチングの存在は線形計画問題に対する双対定理と解の整数性により示すことができる．男性集合 M，女性集合 W と利益ベクトル a,b により定義される割当問題の線形計画問題としての定式化

13章 マッチングモデル

$$\text{最大化} \sum_{(i,j) \in M \times W} (a_{ij} + b_{ij}) x_{ij}$$
$$\text{制約} \sum_{j \in W} x_{ij} \leq 1 \quad (i \in M)$$
$$\sum_{i \in M} x_{ij} \leq 1 \quad (j \in W)$$
$$x_{ij} \geq 0 \quad ((i,j) \in M \times W)$$

とその双対問題

$$\text{最小化} \sum_{i \in M} q_i + \sum_{j \in W} r_j$$
$$\text{制約} \quad q_i + r_j \geq a_{ij} + b_{ij} \quad ((i,j) \in M \times W)$$
$$q_i \geq 0 \quad (i \in M)$$
$$r_j \geq 0 \quad (j \in W)$$

を考える.主問題の実行可能領域は非空で有界であるから必ず最適解が存在する.主問題の目的関数のすべての係数が正であり,M と W の大きさが同じため主問題の最適解は第1,第2制約をすべて等号で満たす.さらに,主問題の任意の最適基底解 x^* のすべての成分が整数となることが知られている.第1,第2制約より x^* の各成分は0か1となり,$x^*_{ij} = 1$ を満たす組 (i,j) 全体の集合はマッチング X^* となる.一方,双対定理より双対問題も最適解をもつ.双対問題の最適解を q^*, r^* とすると,これらが (a2) と (a3) を満たすことは,双対問題の制約より明らかである.さらに,x^* と q^*, r^* は相補性条件を満たすので,X^* 内の組 (i,j) に対し,双対問題の第1制約は等号で成立しなければならない.すなわち,X^*, q^*, r^* は (a1) も満たす.まとめると,主問題の最適基底解は安定マッチングを与え,安定マッチングの存在が示せる.逆に割当ゲームの安定マッチングは,主問題の最適基底解を与える.

次に割当ゲームの安定性を女性側から男性側への利益供与額に注目して見直してみる.マッチングを構成する前の状況を想定し,各男女の組 (i,j) はもし組んだならば j から i に p_{ij} だけ利益供与をすると約束したとする(実際には $p_{ij} > 0$ なら女性から男性に利益供与が行われ,$p_{ij} < 0$ ならば男性から女性に利益供与が行われる).この p_{ij} を j から i への手付と呼ぶことにする.マッチ

ング X が安定であるための必要十分条件は，以下の条件を満たす手付ベクトル $p = (p_{ij} \mid i \in M, j \in W)$ が存在することである：

(p1) 各 $(i,j) \in X$ に対して $a_{ij} + p_{ij} = \max\{a_{ik} + p_{ik} \mid k \in W\} \geq 0$,
(p2) 各 $(i,j) \in X$ に対して $b_{ij} - p_{ij} = \max\{b_{kj} - p_{kj} \mid k \in M\} \geq 0$.

この特徴付けは以下のように示せる．X が安定マッチングであるならば，(a1), (a2), (a3) を満たすベクトル q, r が存在する．ベクトル p を，各 $(i,j) \in M \times W$ に対し $p_{ij} = b_{ij} - r_j$ と定める．(a1) より $(i,j) \in X$ に対し $q_i = a_{ij} + p_{ij}$ が成立するので，(a2) は (p1), (p2) における $a_{ij} + p_{ij}, b_{ij} - p_{ij}$ の非負性を保証する．p_{ij} の定義より，すべての $(i,j) \in M \times W$ に対し $r_j = b_{ij} - p_{ij}$ が成立するので (p2) における等号は自明に成立する．さらに，この事実と (a1), (a3) が (p1) の等号を導く．逆に，マッチング X に対して (p1), (p2) を満たすベクトル p が存在したとする．$(i,j) \in X$ に対して，$q_i = a_{ij} + p_{ij}, r_j = b_{ij} - p_{ij}$ と q, r を定めると (a1), (a2), (a3) が成立する（すべての男女は X のある組に含まれるので q, r は定義される）．

13.4 手付に上下限制約をもつモデル

この節では，先に述べた安定結婚モデルと割当ゲームの安定性を特殊ケースとして含むような安定性を考える．M, W, a, b が所与というのは，13.2節，13.3節と同様とする．本節のモデルでは，さらに手付に上下限の制約がある場合を扱う．各 $(i,j) \in M \times W$ に対し，$\underline{\pi}_{ij} \leq \overline{\pi}_{ij}$ を満たす $\underline{\pi}_{ij} \in \mathbf{R} \cup \{-\infty\}$ と $\overline{\pi}_{ij} \in \mathbf{R} \cup \{+\infty\}$ により手付 p_{ij} の下限と上限を表すとする．

本節では，マッチング X が安定であるとは，以下の条件を満たす手付ベクトル $p \in \mathbf{R}^{M \times W}$ が存在することと定義する：

(g0) 各 $(i,j) \in M \times W$ に対して $\underline{\pi}_{ij} \leq p_{ij} \leq \overline{\pi}_{ij}$,
(g1) 各 $(i,j) \in X$ に対して $q_i = a_{ij} + p_{ij}$ かつ $r_j = b_{ij} - p_{ij}$,
(g2) 各 $i \in M$ に対して $q_i \geq 0$ かつ 各 $j \in W$ に対して $r_j \geq 0$,
(g3) 各 $(i,j) \in M \times W$ と $\underline{\pi}_{ij} \leq c \leq \overline{\pi}_{ij}$ を満たす任意の $c \in \mathbf{R}$ に対して $q_i \geq a_{ij} + c$ または $r_j \geq b_{ij} - c$.

(g0) は手付が上下限制約を満たすという条件であり，(g1) は（手付の上下限制約の下で）マッチング内の組 (i,j) は総利益 $a_{ij}+b_{ij}$ を配分することを意味している．(g2) の解釈は (a2) と同じである．(g3) が不成立とすると，ある $(i,j) \in M \times W$ と $c \in [\underline{\pi}_{ij}, \overline{\pi}_{ij}]$ が存在し，$q_i < a_{ij}+c$ かつ $r_j < b_{ij}-c$ が成り立つ．このとき，(g1) を仮定するならば $(i,j) \notin X$ であり，i と j は上下限を満たす手付 c により二人とも収入を増やすことができる．これは，p の下では i と j には X が満足できるマッチングではないことを意味する．

次に安定結婚モデルと割当ゲームの安定性が上記の安定性の特殊ケースとなることを示す．

まずは，安定結婚モデルとの関係を示すために

$$\underline{\pi} = (0,0,\ldots,0),$$
$$\overline{\pi} = (0,0,\ldots,0)$$

である場合，すなわち利益供与が許されない場合を考える．このとき，(g0) から手付ベクトル p のすべての成分は 0 であるから，(g1) は (m1) と同じ主張となる．また所与のベクトル a,b の非負性から，(g2) は (g1) から誘導されてしまう．(g3) における c も 0 でなければならないので，(g3) は (m2) と同一となる．したがって，$\underline{\pi},\overline{\pi}$ を上記のように定めれば，本節のモデルにおける安定性は，安定結婚モデルの安定性と等価となる．

割当ゲームとの関係を示すために

$$\underline{\pi} = (-\infty,-\infty,\ldots,-\infty),$$
$$\overline{\pi} = (+\infty,+\infty,\ldots,+\infty)$$

である場合，すなわち手付に全く制約がない場合を考える．このとき，(g0) は恒真であり，(g1), (g2) はそれぞれ (a1), (a2) と同じ主張である．(g3) と (a3) の同値性は，

$$q_i + r_j < a_{ij} + b_{ij} \iff \exists c \in \mathbf{R} : q_i < a_{ij}+c,\ r_j < b_{ij}-c$$

という関係より示せる．したがって，$\underline{\pi},\overline{\pi}$ を上記のように定めれば，本節のモ

13.4 手付に上下限制約をもつモデル

デルにおける安定性は,割当ゲームの安定性と等価となる.

安定結婚モデルでも割当ゲームでも安定マッチングは常に存在したが,本節のモデルでも安定マッチングは存在するであろうか.実は,より一般的なモデル [3, 8] に対する結果から本節のモデルでの安定マッチングの存在が系として導かれる.金子 [8] では,特性関数を用い抽象化されたモデルが提案され,そのモデルにおけるコアの存在が示されている.本節のモデルと金子のモデルの関係を説明するのはそれほど安易ではないためここでは避けるが,金子のモデルでのコアの存在から本節のモデルでの安定マッチングの存在が導かれることだけを述べておく.

[3] は,手付に上下限制約を持たせるというアイデアを導入し離散凸解析 [11, 12] を応用することで,多くのマッチングモデルを含むモデルを提案し,そのモデルにおける安定マッチングの存在を示している.実は,本節のモデルはこのモデルの簡略版であり,このことからも本節のモデルでの安定マッチングの存在が導かれる.また [3] の結果より,安定マッチングの特徴付けとして (p1), (p2) の拡張にあたるものが得られる.マッチング X が安定であるための必要十分条件は,次の条件を満たす手付ベクトル p,$M \times W$ の部分集合 E_M,E_W が存在することである:

(g0′) $\underline{\pi} \leq p \leq \overline{\pi}$,$X \subseteq E_M \cap E_W$,$E_M \cup E_W = M \times W$,

(g1′) 各 $(i,j) \in X$ に対して
$$a_{ij} + p_{ij} = \max\{a_{ik} + p_{ik} \mid (i,k) \in E_M\} \geq 0,$$

(g2′) 各 $(i,j) \in X$ に対して
$$b_{ij} - p_{ij} = \max\{b_{kj} - p_{kj} \mid (k,j) \in E_W\} \geq 0,$$

(g3′) 各 $(i,j) \in (M \times W) \setminus E_M$ に対して
$p_{ij} = \underline{\pi}_{ij}$ かつ各 $(i,j) \in (M \times W) \setminus E_W$ に対して $p_{ij} = \overline{\pi}_{ij}$.

割当ゲームの状況では,(g3′) より $E_W = E_M = M \times W$ となり,(g1′) と (g2′) は先の (p1) と (p2) に一致する.$E_W = E_M = M \times W$ とならない場合を見てみよう.(g1′) から,$(i,k) \notin E_M$ である組 (i,k) については,$a_{ij} + p_{ij} < a_{ik} + p_{ik}$ となる可能性があり,この場合を考える.(g0′) の $E_M \cup E_W = M \times W$ より $(i,k) \in E_W$ であり,さらに (g2′) より女性 k は $b_{ik} - p_{ik}$ 以上の収入を X で得

ている.この場合に男性 i は p_{ik} を下げることで女性 k と組み直し,$a_{ij} + p_{ij}$ より大きい収入を得ることを目指すが,(g3$'$) より $p_{ij} = \pi_{ij}$ であり,それがかなわない.(g3$'$) の後半の条件についても男女の役割を入れ替えることで同様の説明がつく.

安定マッチングの存在を証明するためには (g0$'$)~(g3$'$) という条件を満たす X, p, E_M, E_W の存在を示せば良く,この特徴付けの利点である.事実,[3] における安定マッチングの存在証明は構成的なもので,Gale・Shapley [4] のアルゴリズムと最大重みマッチングを求めるアルゴリズムを統合したアルゴリズムが (g0$'$)~(g3$'$) を拡張した条件を満たすものを常に求めるという議論である.

13.5 おわりに

本稿では理論的な側面から,安定結婚モデル,割当ゲームそして手付に上下限制約をもつモデルの安定性を簡単に紹介したが,安定結婚モデルも割当ゲームも現実問題への応用が多数なされている.たとえば,安定結婚モデルは医師臨床研修マッチング [7] や学校選択 [17] で利用されている.割当ゲームも学生の授業科目への割振り [9] に利用されるなど,実用面での利用も多い.「はじめに」でも述べたが,マッチングモデルに関する研究が盛んな要因の一つはマーケットデザインという現実問題の解決という側面が大きい.

一方でマッチングモデルの理論的研究においても新たな進展があった.それはマトロイドや離散凸解析という今まで用いられてこなかった数学的道具の導入である.数理経済モデルへの離散凸解析の応用について表 13.2 に簡単な年表をまとめた.著者名と年のみを引用するが,詳しくは [16] を参照されたい.離散凸解析の数理経済モデルへの最初の応用として,Danilov・Koshevoy・室田 (2001) が Arrow–Debreu 型モデルを提案し,各経済主体が貨幣に関して準線形な $M^{\natural}$ 凹効用関数をもつような不可分財を扱った交換経済に競争均衡が存在することを示した.江口・藤重 (2002) や江口・藤重・田村 (2003) により,安定結婚モデルは離散凸解析の枠組みへと拡張された.藤重・Yang (2003) により集合関数の粗代替性と $M^{\natural}$ 凹性の等価性が示され,数理経済と離散凸解析の二つの流れが交叉した.藤重・田村 (2007) は離散凸解析を応用し,安定結婚モ

13.5 おわりに

表 13.2 数理経済モデルへの離散凸解析応用の歴史

1962	安定結婚モデル*	Gale・Shapley
1972	割当ゲーム*	Shapley・Shubik
2001	マトロイド安定結婚モデル*	Fleiner
2001	Arrow・Debreu 型モデル	Danilov・Koshevoy・室田
2003	M♮凹安定結婚モデル	江口・藤重・田村
2003	粗代替性と M♮凹性の等価性	藤重・Yang
2006	組合せオークション	Lehmann・Lehmann・Nisan
2007	手付上下限付きモデル	藤重・田村
2008	サプライチェーンネットワークモデル*	Ostrovsky

*付きは離散凸解析とは別の文脈の研究

デル,割当ゲームなど多くのモデルを包含するものを提案し,安定割当の存在を示している.上記とは異なる数理経済モデルとして,Lehmann・Lehmann・Nisan (2006) は M♮凹評価関数を用いた組合せオークションを提案している.オークションはマーケットデザインで成功したもう一つの分野である.マッチングモデルは二つの異なる主体間のモデル(2 部グラフ上のモデル)であるが,Ostrovsky [13] は 2 部グラフをネットワークへと拡張したモデルを提案した.離散凸解析を用いた Ostrovsky のモデルの拡張などが現在も続いている.

最後に関連図書を紹介しよう.安定マッチングのアルゴリズム的側面については [5, 10] が詳しい.本稿では触れなかったが耐戦略性等の経済的側面については [14] が詳しい.本稿の詳しい内容については [16] を参照されたい.

参考文献

[1] Adachi, H.: On a characterization of stable matchings, *Economics Letters*, Vol. 68, pp. 43–49, 2000.

[2] Fleiner, T.: A fixed point approach to stable matchings and some applications, *Mathematics of Operations Research*, Vol. 28, pp. 103–126, 2003.

[3] Fujishige, S. and Tamura, A.: A two-sided discrete-concave market with possibly bounded side payments: An approach by discrete convex analysis, *Mathematics of Operations Research*, Vol. 32, pp. 136–154, 2007.

[4] Gale, D. and Shapley, L. S.: College admissions and the stability of marriage,

American Mathematical Monthly, Vol. 69, pp. 9–15, 1962.

[5] Gusfield, D. and Irving, R. W.: *The Stable Marriage Problem: Structure and Algorithms*, MIT press, 1989.

[6] Hatfield, J. W. and Milgrom, P. R.: Matching with contracts, *American Economic Review*, Vol. 95, pp. 913–935, 2005.

[7] 医師臨床研修マッチング協議会，公益財団法人医療研修推進財団，http://www.jrmp.jp/

[8] Kaneko, M.: The central assignment game and the assignment markets, *Journal of Mathematical Economics*, Vol. 10, pp. 205–232, 1982.

[9] 今野　浩：『数理決定法入門—キャンパスの OR』，朝倉書店，1992．

[10] Manlove, D. F.: *Algorithmics of Matching under Preferences*, World Scientific, 2013.

[11] 室田一雄：『離散凸解析』，共立出版，2001．

[12] Murota, K.: *Discrete Convex Analysis*, Society for Industrial and Applied Mathematics, 2003.

[13] Ostrovsky, M.: Stability in supply chain networks, *American Economic Reviews*, Vol. 98, pp. 897–923, (2008).

[14] Roth, A. E. and Sotomayor, M. A. O.: *Two-Sided Matching — A Study in Game-Theoretic Modeling and Analysis*, Cambridge University Press, 1990.

[15] Shapley, L. S. and Shubik, M.: The assignment game I: The core, *International Journal of Game Theory*, Vol. 1, pp. 111–130, 1972.

[16] 田村明久：『離散凸解析とゲーム理論』，朝倉書店，2009．

[17] 安田洋祐：『学校選択制のデザイン—ゲーム理論アプローチ』，NTT 出版，2010．

14章

モデリングのための覚え書き

● ● ● 久保幹雄

14.1 はじめに

本稿は，筆者のサプライ・チェイン最適化に関する実務家の方々との共同研究で得た経験に基づく，モデリングについての覚え書きである．特に，モデリングを行うときの注意点について，陥りやすい落とし穴に名前を付け，さらに自分に対する戒めとしての十戒を示す．

本稿の構成は次のようになっている．

14.2節は，議論のための準備であり，モデルを分類する際の基準になる意思決定レベルについて述べる．

14.3節では，モデルの善し悪しを評価するための尺度について考える．

14.4節では，モデリングを行うときの注意点について考える．特に，陥りやすい落とし穴に名前を付け，さらにモデリングのための十戒として注意すべき項目をまとめる．

14.5節では，今後の展望について述べる．

14.2 モデルの分類

サプライ・チェインのような大規模かつ複雑な対象に対処するためには，モデルを意思決定レベルの違いによって，ストラテジック（長期），タクティカル（中期），オペレーショナル（短期）に分けて考えるのが常套手段である．

ストラテジックモデルは，長期（1年から数年，もしくは数十年）の意思決定を支援するモデルであり，主な意思決定項目としては，工場の位置の決定，工場における生産ラインの配置ならびに生産能力の決定，部品ならびに原料の調

---

* 本稿の原記事は，『オペレーションズ・リサーチ』（2005年4月号）に掲載された．

達先決定,配送センターの位置の決定,などが挙げられる.

一方,オペレーショナルモデルは,短期(リアルタイムから日ベース,もしくは週ベース)の意思決定を支援するモデルであり,生産スケジューリング,日々の輸・配送計画(ディスパッチング),運搬車のスケジューリング,倉庫内でのピッキング順の決定などを行う.

タクティカルモデルは,上位のストラテジックレベルと下位のオペレーショナルレベルの意思決定を繋ぐために用いられる,すべての中間モデルである.そのため,その守備範囲は,時には長期レベル,時には短期レベルに及ぶこともある.

14.3 モデルの評価尺度

モデルを評価するための尺度については,次のものが考えられる.なお,この尺度はアルゴリズムを評価するための尺度 [1, 10.5.4 節] をもとにしている.

汎用性:広い範囲の問題に対して適用可能なこと.特定の問題を解決するために,特別に拵えたモデルより,広い範囲の問題を扱えるモデルの方が望ましい.しかし,一般にはカスタマイズの作業によって主な収益を得ているソフトウェア産業においては,汎用性がおざなりになっているケースが多いように感じられる.また,汎用性にばかり注意していると第二の評価尺度である単純性が失われる場合が多いので,バランス感覚をもってモデルを設計する必要がある.

単純性:モデルの理解が容易で記述が簡単なこと.実務家はしばしば自分が理解できないモデルを使用することを嫌う.したがって,同じ問題を解決するために設計されたモデルなら,誰にでも理解がしやすく,かつ説明しやすいモデルが,より優れていると評価されるべきである.サプライ・チェーンに内在する色々なタイプの OR モデルを眺めてみると,現在の段階でよく使われているのは,記述が容易なモデルが多いように感じられる.

拡張の容易さ:他の異なる種類の問題に対しても容易に拡張できること.実際問題では,付加条件の追加やモデルの変更が頻繁に起こるケースが多い.したがって,ある特定の問題にだけ適用できるのでなく,多少の変更により類似

の他の問題にも適用できるモデルが実用上重要である．これを考える際には，モデルだけでなく，それを解くための方法論（もっと細かく言うとアルゴリズム）まで考える必要がある．

新規性：斬新なアイディアが含まれていること．これは論文が受理されるためには，最も重要な尺度の一つであり，最近では実務においても特許のノルマを達成するために重要な尺度となっている．ほとんどの場合が，従来の研究に対する調査不足のため，それほど新規であるわけではないが，人類の新しい一歩を踏み出したという満足感は，研究者にとって重要であり，尊重されるべきである．

重要性：重要な問題のクラスを対象にしていること．重要な応用のたくさんある問題を抽象化したモデルは，応用の少ない（もしくは存在しない）問題を解くためのモデルと比べて，重要である．特に，論文を書くためだけに作成されたモデルが氾濫することは，実務家がモデルを選択する作業を混乱させるだけであり，OR の発展のためには，むしろマイナスである．

14.4　モデリングのための十戒

ここでは，自分がモデルを作成する際の注意をしている戒めをまとめておく．

1. モデルを単純化せよ．ただし程々に．

実務家（特に重要な意思決定を行う人）にとって，中身が理解できないほど複雑化されたモデルを使うことには抵抗がある．ブラックボックスから出てきた結果だけを信用せよ，というのはあまりに乱暴である．そのため，ストラテジックもしくはタクティカルレベルの意思決定のためのモデルは，ある程度単純化されたものが望ましいと考えられる．

しかし，一方では実務上の重要な制約をすべて取っ払ったモデルではものの役には立たない．昔の笑い話に，牛のミルクの出を良くするための報告書が「球体の牛を考えよ．」から始まっていたという話があるが，過度に単純化・抽象化されたモデルが OR の専門家の間ではよく見受けられる．これを，笑い話に因んで「丸い牛シンドローム」と呼ぶことにする．ある程度実際問題を単純化・抽

象化したモデルは，問題に対する洞察を得るためには役に立つが，モデルを解析的に解くためのテクニックを披露するためだけに現実離れした単純化モデルを大量に作成することは，実務家を遠ざける一因になるので戒めるべきである．

2. 小さなモデルから始めよ．ただし小さな問題例に対するテストだけで，大規模問題例の解決を請け負ってはいけない．

いきなり大規模なデータを入れたモデルを作成することは避けなければならない．モデリングの最初のフェイズでは，モデルの妥当性の検証を行う必要がある．大規模データを用いて妥当性の検証を行うことは，求解時間が膨大になるだけでなく，得られた結果が正しいかどうかの判定も難しくなる．最初は，結果も直感的に理解でき，（Excelなどの表計算ソフトウェアを補助とした）簡単な手計算で検証できる程度の，単純かつ小規模なモデルから始めるべきである．その後も，問題の規模を急に大きくするのではなく，徐々にデータ量を増やしていき，もうこれで大丈夫とお墨付きがついた後で，本当のデータを入れた大規模問題例に挑戦すべきである．

しかし，小規模な問題例に対するテストでうまくいったとしても，同じ手法が大規模問題例に対して，そのまま適用できると考えるのは大変危険である．特に，数理計画ソルバは，問題の規模がある一定の線を越えると，急激に計算時間がかかるようになることが多いので，注意を要する．

3. データがとれないようなモデルを作成するなかれ．

しばしば，収集することが不可能であると思われるようなデータを含んだモデルを論文誌で見かけるが，そのようなモデルでは適用の際に大きな困難にぶつかり，多くの場合，絵に描いた餅で終わってしまう．これを「画餅症候群」と呼ぶ．ただし，現在は収集されていないが，何らかの努力によってデータが収集可能か，十分な近似となるデータを集められる場合は，例外である．たとえば，在庫モデルにおける在庫費用，品切れ費用などは，一部の実務家からは収集不能なデータであると評されているが，品目の価値やその会社の資金調達力などから，十分な近似が得られるので，在庫モデルは有効なモデルであると結論づけられる．

14.4 モデリングのための十戒

4. 手持ちのデータに合うようなモデルを作成するなかれ.

データ収集の手間を省くために, 手持ちのデータだけを用いてモデルを設計してしまうことがよくある.「こんなデータが手元にあるけど何かできませんか?」という注文に安易に応えてしまうのではなく, 必要なデータ項目を示して,「このようなデータが必要になるので, 一緒に集めましょう!」と答えるべきである. 特に, ストラテジックレベルの意思決定においては, 社内で得られるデータ以外の外部データも重要になる. また, 手持ちの生データをもとにしたモデルを作成するのではなく, 生データに適当な集約や補完などの処理を行った上で, モデルに入力すべきである. たとえば, 日々の需要データをもとに, 倉庫の建設の可否を判断することなどはナンセンスである.

5. 複雑なモデルは分割して解決せよ. ただし程々に.

しばしば, サプライ・チェイン全体を考慮したオペレーショナルモデルを作ってみたい欲求に駆られて, 巨大なモデルを作成するという試みを見かけるが, 往々にして失敗に終わるようである. サプライ・チェインのような複雑で大規模な問題をモデル化するためには, それを細かく分解して, 個別に対処するしか手がないのが現実なのである. 特に, 異なる意思決定レベルに属する問題は, 別々のモデルとして表現して意思決定を行うべきであり, これは, 次で述べる「異なる意思決定レベルを同一のモデルに押し込むなかれ」でも戒めている通りである.

しかし一方で, 多くの費用はモデルの接続部で発生している. たとえば, 工場の出口から倉庫への輸送スケジュールと工場内の生産スケジュールを別々にモデル化していると, その接続部である工場の出口に大量の在庫が溜まってしまう. だからといって両者を同時に最適化することは現実的ではない. これは, 工場内の生産を需要とリンクさせ, 決められた基在庫レベルを維持するように生産最適化を行い, さらに工場と倉庫の間の輸送スケジュールは, 輸送固定費用とサイクル在庫費用のトレードオフを考えた最適化モデルを用いることによって, 部分モデルの組合せとして解くべきである.

14章　モデリングのための覚え書き

6. 標準モデルへの帰着を考えよ．

　実際問題を解決する際に最初に考える（べき）ことは標準モデルへの帰着である．標準モデルを解くための手法が確立されている場合にはなおさらである．帰着のためには，ダミーの発想が役に立つ．ダミーとは，実際問題にはあらわれない，モデル化のための仮想のモデル構成要素である．たとえば，供給量が需要量と合わない輸送モデルにおいては，供給量不足（もしくは超過）を吸収するためのダミーの供給地点（需要地点）を作成して，実際の需要地点（供給地点）との間に費用0のダミーの枝を引けば，教科書に載っている輸送モデルに帰着される．帰着のためのダミーの利用は，コロンブスの卵であり，モデルの再利用やダミーを常に意識していないと，思いつかないことが多い（実際に，上の帰着例は，プロの最適化コンサルタントから聞かれて教えてあげたものである）．

　逆に，なんでも手持ちのモデルに無理やり押し込めるのはよくない．帰着の際にモデルがどれだけ大きくなり，それによって解くためのアルゴリズムの計算量がどれだけ増大するかを念頭に置いて，「効率（センス）の良い」帰着を行うべきである．また，ある程度のカスタマイズは（特にオペレーショナルレベルの問題では）避けて通れない．このような場合には，標準モデルへの帰着をあきらめ，新たなモデルとして設計し直した方が早い場合がある．

7. モデルを抽象化して表現せよ．ただし程々に．

　モデルを再利用するためには，モデル間の類似性を見抜く力が重要になる．モデルをある程度抽象化して記述しておくことは，再利用の際に類似性を見つけやすくするためのコツである．たとえば，サプライ・チェインにおける小売店，倉庫，配送センター，工場などは，すべてネットワークにおける点に抽象化できる．この抽象化によって，工場から倉庫へ輸送するモデルと，倉庫から小売店に輸送するモデルは，同一のモデルとして扱うことが可能になる．また，モノ（製品）が移動する経路が確定されている在庫モデルにおいては，モノと点は同一視して扱うことができるので，さらに抽象化して「品目」と呼ぶ．この抽象化によって，多品目・多在庫地点の在庫モデルは統一的に扱うことが可能になる．しかし，極度に抽象化されたモデルは，ものの役には立たない．こ

14.4 モデリングのための十戒

れは，極度な単純化に対する戒めで述べた「丸い牛シンドローム」と同じ理由による．

8. 異なる意思決定レベルを同一のモデルに押し込むなかれ．言い換えれば，森から脱出する際に木ばかり見るなかれ．

ストラテジックレベルの意思決定項目をサプライ・チェイン全体を通して最適化するモデルを作成する必要があるときに，日々の残業規則などを持ちだしてモデルを複雑化することなどが，この戒めを破っている代表例である．これを「木を見て森を見ないシンドローム」と呼ぶ．往々にして，現場で長年経験を積んできた人ほど，この症候群に陥りやすい．常に，一兵卒ではなく，戦略をたてる参謀の視点で，モデルを作成すべきである．

9. 解くための手法のことを考えてモデルを作成せよ．

しばしば，作業のフロー（自動処理）をもとにして，サプライ・チェインのモデルを作成しようという試みがなされるが，ほとんどの場合，解くための手法（アルゴリズム）がないために失敗に終わっているようである．また，解くための手法が，現場と同じ単純なルールにならざるを得ないほど複雑かつ大規模なモデルを作成したとしても，ルールベースで運用されている現場と同じレベルの結果しか出すことができないなら，このようなモデルは無意味である．アルゴリズム的な側面だけでなく，モデルに最適化すべきトレードオフ関係が内在されていないモデルは，最適化する意味がよく分からず，使えないモデルになってしまう．これは，企業体資源計画システム (ERP: Enterprise Resource Planning) に代表される多くの処理的情報技術[1]から派生したモデルでよく見られる現象である．

10. 手持ちの手法からモデルを作成するなかれ．

これは特定の手法の研究者にありがちなことであるが，自分が研究している手法を試したいが故に，手法をベースとしてモデルを作成してしまいがちであ

---

[1] モデルを内在せず自動処理だけから構成されたシステムを処理的情報技術 (IT) と呼んで，モデル経由のシステムである解析的 IT と区別する．もちろん，OR で対象とするのは解析的 IT である．

る．先に述べた「手法のことを考えてモデルを作成せよ」と矛盾するように見えるが，重要なことはバランスである．無理やりに，自分の研究に持ちこむことは戒めるべきである．これを「我田引水シンドローム」と呼ぶ．特に，特定のアルゴリズムでうまく解ける範囲の応用を想定し，あたかも実際問題があるかのような記述をすることは，本当の問題を解きたい実務家から見ると興ざめである．実際の問題に合った手法を探し，たとえそれが自分の研究の興味と違っても，その手法を採用する勇気が実際問題を解く際には重要になる．

いくつかの戒めは互いに相反するものであることに注意されたい．要はモデリングのコツはバランス感覚であり，それがアート（職人芸）と言われるゆえんである．

14.5 おわりに

サプライ・チェインには，様々なモデルが内在している．あるモデルは，確率論を基礎とし，別のあるモデルは数理計画を基礎とし，また別のあるモデルは，その両者を含んでいるといった具合である．通常，ORの研究者は，確率論，組合せ最適化，非線形計画など，縦割りの構造の中に身を置くため，別の分野のモデルについては無関心であるが，サプライ・チェインのみならず，実務家に対するアドバイスをしようと思ったら，専門外の知識も多少持っておく必要がある．つまり，専門を深く掘り下げる研究者だけでなく，様々な分野に対する知識を一通り持っているゼネラリストが必要とされているのである．

また，新しいモデルは研究室にいてできるものではない．実務家との共同作業によって掘り起こし，共同研究によって磨き上げなければ，真に使えるモデルはできないことを肝に銘じるべきである．今後は，実務家と理論家の共同作業によって，本当に役に立つモデル（とそれを解決するための手法）が，たくさん学会で報告されるようになることを期待する．

参考文献

[1] 久保幹雄，田村明久，松井知己（編）：『応用数理計画ハンドブック』，朝倉書店，2002.

15章

双対問題の教えてくれるコト

松井知己

15.1 はじめに

「○○が存在しない」といった命題は，証明が困難であることが多い．たとえば「幽霊は存在しない」という文章を考えてみよう．この文章の否定「幽霊は存在する」は，実際に幽霊を目の前に連れてくるという比較的単純な示し方がある（単純だというだけで，それが簡単だと言うつもりはない）．これに対し，「幽霊は存在しない」を示すには，この世（とあの世？）すべてを隈なく探し，さらに隈なく探索したことを相手に納得させねばならず，これはとてつもなく困難である．多くの場合「何かが存在しない」ことを示すには，「何かが存在する」ことを示すのとはまったく異なる仕掛けが必要となる．

最適化問題を解くことには，上記と同様の難しさがあることをご存じだろうか．ある解が最適解であると示すのは「この解より良いものは存在しない」ことを示すことに他ならない．実は，最適化問題を解くことの本質的な難しさがここにあると言って良いだろう．線形計画という最適化問題においては，得られた解が最適であることを保証してくれるのが双対最適解である．実は双対最適解は「何かが存在しない」という主張を示すことを助けてくれる仕掛けとなっていることが多い．たとえば，次の線形不等式系

$$\text{P:} \begin{cases} -2x_1 + 3x_2 \geq -1, \\ -x_1 - x_2 \geq -2, \\ 7x_1 - 3x_2 \geq 9, \end{cases}$$

が，実数解を持つか？という問題を考えよう．もしこれが実数解を持つならば，「実際にその解（の一つ）を提示する」という単純な証明方法がある．しかし，解を持たないことを証明するのに，「すべての2次元実数ベクトルを入れ

15 章　双対問題の教えてくれるコト

てみる」といった単純な方法で示すことは不可能だろう．実際この線形不等式系は解を持たないのだが，これは以下のように証明できる．まず，上記の問題の解を求める線形計画問題と，その双対問題

$$
\begin{array}{llll}
\min. & t & \max. & -y_1-2y_2+9y_3 \\
\text{s.t.} \quad -2x_1+3x_2+ \ t \geq -1, & \text{s.t.} & -2y_1- \ y_2+7y_3 = 0, \\
\quad -x_1- \ x_2+ \ t \geq -2, & & 3y_1- \ y_2-3y_3 = 0, \\
\quad 7x_1-3x_2+ \ t \geq \ 9, & & y_1+ \ y_2+ \ y_3 \leq 1, \\
\quad t \geq \ 0, & & y_1, \ y_2, \ y_3 \geq 0,
\end{array}
$$

を作り双対問題を解いてみると，最適解として $(y_1, y_2, y_3) = (2/6, 3/6, 1/6)$ が得られる．これを用いて以下のような証明を作ることができる．

証明： 線形不等式系 P が実数解 (x_1^*, x_2^*) を持つと仮定して矛盾を導く．3 本の不等式を，それぞれ 2/6 倍，3/6 倍，1/6 倍して加えると，(x_1^*, x_2^*) は

$$(1/6)(-4-3+7)x_1^* + (1/6)(6-3-3)x_2^* \geq (1/6)(-2-6+9),$$
$$0x_1^* + 0x_2^* \geq 1/6,$$

を満たす．しかし，最後の不等式は $0 \geq 1/6$ であり，矛盾している．　□

上記のように「○○が存在しない」という命題を示すには，何らかのカラクリが必要となる場合が多い．上記の例では，3 本の不等式を非負の重みを掛けて足し合わせるというアイデアと，実際に用いる重み $(2/6, 3/6, 1/6)$ がそのカラクリとなっている．このようなカラクリを考案するのは決して簡単ではないが，双対最適解がそれを教えてくれるのだ！以下では，双対最適解を用いて「○○が存在しない」という命題が示される楽しい例を挙げよう．

15.2　古典的オーヴァーハングパズル

図 15.1 のように，長さ 2 の板を机の端から少しずつずらして積み上げ，1 番上の板を机の端からできるだけ遠くへ離すことを考えよう．ただし 1 番下の板は，机からはみ出てはいけないとする．

図 15.1 は 7 枚の板の場合を示しているが，この図のように，1 番上の板は (2 番目の板から) 1 の長さ右にずらし，2 番目の板は (1/2) の長さ右にずらし，

15.2 古典的オーヴァーハングパズル

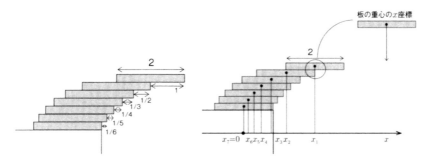

図 15.1 7 枚の板でのオーヴァーハング　　図 15.2 各板の重心の x 座標

3番目の板は $(1/3)$ の長さ右にずらし，$\cdots$，6番目の板は $(1/6)$ の長さ右にずらすと，(理論的には) 崩れずに積み上げることができる．一般的に，長さ 2 の板が $n+1$ 枚あれば，上から i 枚目の板を，その下の $i+1$ 枚目の板から，$1/i$ だけ右にずらした配置は，崩れずに積み上がることは容易に確認できる．この積み方によって，1番上の板は机の端から $1+1/2+\cdots+1/n$ (これを H_n と書く) の距離だけ離すことができる．ちなみに，H_n はハーモニック数と呼ばれ，n が大きくなると無限大に発散することが知られている．すなわち，十分な数の板があれば，どんな遠くにも届くアーチを作ることができる．

さてここで考えるのは，$n+1$ 枚の板があるとき，1枚目の板は机の端から最大どこまで離せるか？という問題である．実は上記の積み方が最適であり，1枚目の板は H_n より遠くに離すことができない．以下では，この問題について線形計画を用いてアプローチしてみよう．

まずは問題を数学モデルで記述してみよう．板は $n+1$ 枚あるとし，上から 1 枚目の板，2 枚目の板，$\cdots$，$n+1$ 枚目の板，と呼ぶ．$n+1$ 枚目の板は，右端を机の端につけて置く．机の面と平行に数直線を取り，x 軸と名付け，机の右端が 1 になるように，原点を机の端から左に距離 1 のところに取る (図 15.2 参照)．i 枚目の板の重心の x 座標を x_i と書く．明らかに $x_{n+1}=0$ である．

上から 1～k 枚目までの板を一つの物体と考えたときの重心の x 座標は $(x_1+x_2+\cdots+x_k)/k$ となり，これは $k+1$ 枚目の板の右端より左側に位置しなければならない．すなわち，$(1/k)\sum_{i=1}^{k} x_i \leq x_{k+1}+1$ が成り立つ．こ

15章　双対問題の教えてくれるコト

こで，1枚目の板の右端の x 座標は $x_1 + 1$ であり，机の端の x 座標は 1 である．すると，一番上の板の重心をできるだけ机からはみ出させる問題は，次のような線形計画問題として定式化できる．

$$\begin{aligned}
&\text{max.} \quad x_1 \\
&\text{s. t.} \quad \sum_{i=1}^{k} x_i - k x_{k+1} \leq k \quad (k = 1, 2, \ldots, n), \\
&\quad\quad\quad x_{n+1} = 0.
\end{aligned}$$

実際に $n + 1 = 9$ とした問題

max. x_1

s. t.

$(y_1)\ x_1 - x_2 \leq 1,$

$(y_2)\ x_1 + x_2 - 2x_3 \leq 2,$

$(y_3)\ x_1 + x_2 + x_3 - 3x_4 \leq 3,$

$(y_4)\ x_1 + x_2 + x_3 + x_4 - 4x_5 \leq 4,$

$(y_5)\ x_1 + x_2 + x_3 + x_4 + x_5 - 5x_6 \leq 5,$

$(y_6)\ x_1 + x_2 + x_3 + x_4 + x_5 + x_6 - 6x_7 \leq 6,$

$(y_7)\ x_1 + x_2 + x_3 + x_4 + x_5 + x_6 + x_7 - 7x_8 \leq 7,$

$(y_8)\ x_1 + x_2 + x_3 + x_4 + x_5 + x_6 + x_7 + x_8 - 8x_9 \leq 8,$

$(y_0)\ x_9 = 0,$

を解いてみると，図 15.3 のような最適解が得られる（上記の $y_0, \ldots, y_8$ は，次節で双対問題を扱う際に用いる式番号である）．図 15.3 の B 列が最適解である．D 列に $1/(x_{k+1} - x_k)$ の値を表示すると，板のずれ幅が $1/1, 1/2, 1/3, \ldots, 1/8$ という値に近いものになっているのが分かる（微妙なずれは数値誤差であろう）．C 列に板の長さ 2 を入れて，B 列と C 列を積層棒グラフで表示すると（図 15.4），実際に積み上げた際の様子が想像できる[1]．

---

[1] 実際に線形計画を解く所から，棒グラフの表示まで，適当な線形計画ソフトとスプレッドシートソフトウェアを用いて数分でできるため，授業中に学生の目の前で上記すべてを実演する事も可能である．

15.2 古典的オーヴァーハングパズル

	A	B	C	D	E
1	k	Xk	板長	1/(Xk+1-Xk)	
2	1	2.717857	2	1.00000	
3	2	1.717857	2	2.00000	
4	3	1.217857	2	3.00000	
5	4	0.884524	2	4.00000	
6	5	0.634524	2	5.00000	
7	6	0.434524	2	5.99999	
8	7	0.267857	2	7.00001	
9	8	0.125	2	8.00000	
10	9	0	2		
11					

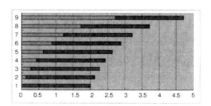

図 15.3 最適解   　　　　　図 15.4 最適解の配置

さてここからが本番, 板の枚数が一般の場合について考察しよう. 上記のように数枚の板を用いる場合は, その最適解を実際に求めることができる. 一般に $n+1$ 枚の板では最適解はどうなるのだろうか? 板のズレ幅を上から $1/1, 1/2, 1/3, \ldots, 1/n$ として実際に積み上げることが可能であることは, 容易に確かめられる(この確認は読者に任せることにしよう). では, このような積み上げ方が「板が何枚でも」最適解なのだろうか? すなわち「板が $n+1$ 枚のとき, 1 枚目の板は H_n より遠くに離すことができない」という命題はどうやって証明すれば良いのだろうか. この命題を示すには, 1 枚目の板を H_n より遠くに離すような積み方が存在しないことを示さねばならず,「何かが存在しない」という命題となっている. このため残念ながら, 全ての積み方を試すといった単純な証明法は存在しないと思われる.

これに対し, 有用な示唆を与えてくれるのが双対最適解だ. $n+1 = 9$ に対する双対最適解は図 15.5 のようになっている. ただし双対変数 $y_k\ (k = 1, 2, \ldots, n)$ は, 制約式 $\sum_{i=1}^{k} x_i - k x_{k+1} \leq k$ に対応し, 制約式 $x_{n+1} = 0$ に対応する双対変数を y_0 としてある. この結果から類推すると, $k = 1, 2, \ldots, n-1$ については $y_k = 1/(k(k+1))$ とし, $y_n = 1/n$, $y_0 = 1$ と置いたものが双対最適解になると予想される.

ではこの双対解を使って, $x_1 \leq H_n$ が成り立つことを示してみよう.

161

15章 双対問題の教えてくれるコト

	A	B	C	D
1	k	Yk	1/YK	
2	1	0.5	2.0000	
3	2	0.167	6.0000	
4	3	0.083	12.0000	
5	4	0.05	20.0000	
6	5	0.033	30.0003	
7	6	0.024	41.9992	
8	7	0.018	56.0004	
9	8	0.125	8.0000	
10	0	1	1.0000	
11				

図 15.5 双対最適解

定理：$n+1$ 個の実数 $(x_1, x_2, \ldots, x_{n+1})$ が，

$$\begin{cases} \sum_{i=1}^{k} x_i - kx_{k+1} \leq k & (k = 1, 2, \ldots, n), \\ x_{n+1} = 0, \end{cases}$$

を満たすならば，$x_1 \leq H_n = \sum_{i=1}^{n}(1/i)$ である．

証明：背理法を用いて証明する．$n+1$ 個の実数 $(x_1^*, x_2^*, \ldots, x_{n+1}^*)$ が，

$$\sum_{i=1}^{k} x_i^* - kx_{k+1}^* \leq k \quad (k = 1, 2, \ldots, n), \tag{15.1}$$

$$x_{n+1}^* = 0, \tag{15.2}$$

$$x_1^* > H_n \tag{15.3}$$

を満たすと仮定して矛盾を導く．

$k = 1, 2, \ldots, n-1$ に対し，上記の式 (15.1) の両辺を $1/(k(k+1))$ 倍した式を作り，$k = n$ の式 (15.1) の両辺を $1/n$ して得られる式 $(1/n)\sum_{i=1}^{n} x_i^* - x_{n+1}^* \leq 1$ と，式 (15.2) $x_{n+1}^* = 0$，これらすべての両辺を加えると，以下の式が成り立つ．

$$\left(\sum_{k=1}^{n-1} \frac{1}{k+1} \frac{1}{k} \sum_{i=1}^{k} x_i^* - \sum_{k=1}^{n-1} \frac{1}{k+1} x_{k+1}^*\right) + \left(\frac{1}{n} \sum_{i=1}^{n} x_i^*\right)$$

$$\leq \sum_{k=1}^{n-1} \frac{1}{k+1} + 1 + 0,$$

$$\sum_{i=1}^{n-1} \sum_{k=i}^{n-1} \frac{x_i^*}{k(k+1)} + \frac{1}{n} \sum_{i=1}^{n} x_i^* - \sum_{k=1}^{n-1} \frac{1}{k+1} x_{k+1}^* \leq H_n,$$

15.3 ペグソリティアとパゴダ関数

$$\sum_{i=1}^{n-1}\left(\sum_{k=i}^{n-1}\left(\frac{1}{k}-\frac{1}{k+1}\right)\right)x_i^* + \frac{1}{n}\sum_{i=1}^{n}x_i^* - \sum_{i=2}^{n}\frac{1}{i}x_i^* \leq H_n,$$

$$\sum_{i=1}^{n-1}\left(\frac{1}{i}-\frac{1}{n}\right)x_i^* + \frac{1}{n}\sum_{i=1}^{n}x_i^* - \sum_{i=2}^{n}\frac{1}{i}x_i^* \leq H_n,$$

$$\left(\sum_{i=1}^{n-1}\frac{1}{i}x_i^* - \sum_{i=2}^{n}\frac{1}{i}x_i^*\right) + \left(-\frac{1}{n}\sum_{i=1}^{n-1}x_i^* + \frac{1}{n}\sum_{i=1}^{n}x_i^*\right) \leq H_n,$$

$$x_1^* \leq H_n.$$

上記より $x_1^* \leq H_n$ が成り立ち，式 (15.3) $x_1^* > H_n$ と矛盾する． □

上記で用いたカラクリは，「線形不等式を非負の重みを掛けて足し合わせ矛盾を導く」というものであるが，用いる非負重みに何を用いたら良いのかを見つけるのは容易ではない．これに対し，線形計画法の双対最適解が良い重みを示唆してくれることが分かる．

本節では，古典的なオーヴァーハングについて，双対最適解を用いて，板の枚数が一般の場合について考察を行った．ちなみに「古典的でない」オーヴァーハングについて興味のある方は，論文 [6,7] を参照されたい．

15.3 ペグソリティアとパゴダ関数

ペグソリティアというパズルを御存知だろうか？ 図 15.6 のような穴の開いた盤にペグを刺して遊ぶパズルである．図 15.6 中の黒丸（白丸）は，ペグが刺さっている（いない）ことを表している．通常用いられる図 15.6 のような盤は English board と呼ばれる．

図 15.7(a) のように連続する三つの穴の一つ目と二つ目にペグがあり，三つ目の穴にペグが無いとき，図 15.7(b) のように飛び越えて中央のペグを除き，図 15.7(c) のように一つのペグを残すことができる．この操作をジャンプと呼ぶ．ジャンプを実行できる三つの穴の並びは，縦の上から下，縦の下から上，横の右から左，横の左から右の4通りがある．ペグソリティアは，与えられた初期配置からジャンプを繰り返し行って，(与えられた) 最終配置に到達する手順を探すパズルである．

15 章 双対問題の教えてくれるコト

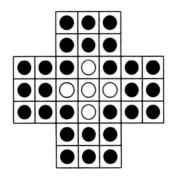

図 15.6 English board の初期配置例

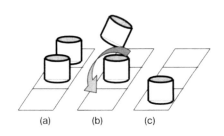

図 15.7 ジャンプの例

あるペグ配置に対し，ペグが刺さっていない所にペグを刺し，ペグが刺さっている所にはペグを刺さない配置を，補配置と呼ぶ．図 15.6 の補配置は，中央の 5 箇所のみにペグが刺さっている配置となる．では次のような問題を考えよう．

問題 1：図 15.6 を初期配置として，ジャンプを繰り返し行って，図 15.6 の補配置に到達することができるか？

実は問題 1 の答は「不可能」である．Berlekamp, Conway and Guy は [2] において，次のような巧妙な方法でこの問題が解けないことを示している．ゲーム盤の各マス（穴）に図 15.8 のような数字を割り当てよう．

任意のペグ配置 p に対し，ペグが刺さっているマス目の図 15.8 での値を合計

			-1	0	-1			
			1	1	1			
-1	1	0	1	0	1	-1
0	1	1	2	1	1	0
-1	1	0	1	0	1	-1
			1	1	1			
			-1	0	-1			

図 15.8 パゴダ関数の例

したものを pag(p) と書くことにしよう.たとえば図 15.6 の配置を p^S と書くと pag(p^S) = 4 である.また図 15.6 の補配置を p^f と書くと pag(p^f) = 6 となる.実は図 15.8 の値は非常に巧妙に割り当てられており,どの連続する三つのマス目についても,対応する数字を (a, b, c) と書くと,$a + b \geq c$ が成り立っている.連続する三つのマス目の方向は四つあることに注意されたい(ゆえに $a \leq b + c$ も同時に成り立っている).これより,ある配置 p^1 から 1 回のジャンプ操作で配置 p^2 が得られたとき,ペグの取り除かれた 2 箇所の値の和より,ペグの刺し込まれた場所の値の方が同じか小さい.したがって必ず pag(p^1) $\geq$ pag(p^2) が成り立つ.すなわち,ジャンプ操作によって配置に対する値 pag($\cdot$) は単調非増加となっている.ゆえに,ある配置 p^1 から(何回かの)ジャンプ操作で配置 p^3 が得られたとき,必ず pag(p^1) $\geq$ pag(p^3) が成り立つ.ところが上記の問題では,初期配置 p^S と最終配置 p^f は 4 = pag(p^S) < pag(p^f) = 6 を満たしており,このことから初期配置からジャンプ操作で最終配置に到ることは不可能であることが分かる.Berlekamp, Conway and Guy は図 15.8 の値を,各マス目に実数を対応させる関数と見なし,パゴダ関数と呼んでいる.この「パゴダ関数」はどこから来たのだろうか?[2] 実は元の問題の線形計画緩和問題を作成してその双対をとると,自然な形でパゴダ関数が導出される.以下では,これを説明しよう.

English board にある 33 箇所のマス目に適当な順番で 1 から 33 までの番号をつける.各ペグ配置に対し,ペグの刺さっている所は 1,刺さっていないところは 0 とした 33 次元の 0-1 ベクトルを対応させることにより,任意のペグ配置は 33 次元の 0-1 ベクトルとして表すことができる.

ペグ配置 $p \in \{0, 1\}^{33}$ から 1 回のジャンプ操作で $p' \in \{0, 1\}^{33}$ が得られたとすると,p の二つの要素を 1 から 0 に変え,一つの要素を 0 から 1 に変えたものが p' となっている.対応するジャンプにおいて,ペグを取り除くマス目の番号を s, t とし,ペグを刺し込むマス目の番号を r と書く.ここで 33 次元ベクトル a を,第 s, t 要素が 1,第 r 要素が -1,残りは 0 となるベクトルとすると,$p' = p - a$ が成り立つ.ベクトル a をジャンプベクトルと呼ぶこととし

---
[2] 名前の由来は [2] を参照のこと.

15章 双対問題の教えてくれるコト

する.

English board には,可能なジャンプは全部で76種類ある(ジャンプの方向は4種類あり,各方向毎に19種類のジャンプがある).これら76種類のジャンプに1から76までの通し番号をつけ,対応するジャンプベクトルを並べた行列をジャンプ行列と呼ぶ.すなわちジャンプ行列 $A = (a_{ij})$ は 33×76 の行列で

$$a_{ij} = \begin{cases} 1 & (\text{ジャンプ } j \text{ はマス目 } i \text{ のペグを取り除く}), \\ -1 & (\text{ジャンプ } j \text{ はマス目 } i \text{ にペグを刺し込む}), \\ 0 & (\text{それ以外}), \end{cases}$$

と定義される.

初期配置 $\bm{p}^S$ と最終配置 $\bm{p}^f$ が与えられたとき,$\bm{p}^S$ から $\bm{p}^f$ ヘジャンプ操作の繰り返しで到達できるとしよう.このジャンプ操作において,ジャンプ j を行う回数を x'_j とし,これを並べた76次元の非負整数ベクトルを $\bm{x}'$ とする.このとき等式 $\bm{p}^f = \bm{p}^S - A\bm{x}'$ が成り立つはずである.ゆえに,初期配置 $\bm{p}^S$ と最終配置 $\bm{p}^f$ が与えられたとき,線形不等式系

$$A\bm{x} = \bm{p}^S - \bm{p}^f, \quad \bm{x} \geq \bm{0} \tag{15.4}$$

が解 $\bm{x}$ を持たなければ,初期配置から最終配置までジャンプ操作で到達することは不可能であることが分かる.ちなみにこの条件は必要十分条件ではない.すなわち,(15.4) が解を持っていても,初期配置から最終配置までジャンプ操作で到達できるとは限らない.これは,ベクトル $\bm{x}$ の整数性を無視していることや,ジャンプの順番という概念が (15.4) では無視されているためである.線形不等式系 (15.4) が解を持たなければ,与えられたペグソリティア問題が解けないことが分かるが,「解を持たない」ことをどうやって示せば良いのだろう?双対問題の最適解は,これを可能にするのである.

線形不等式系 (15.4) を制約に持ち,人工的な(無意味な)目的関数 $\bm{0}^\top \bm{x}$ を最大化する線形計画問題

P1: $\max\{\bm{0}^\top \bm{x} \mid A\bm{x} = \bm{p}^S - \bm{p}^f, \quad \bm{x} \geq \bm{0}\}$

を導入しよう[3]．これの双対問題は

D1: $\min\{\boldsymbol{y}^\top(\boldsymbol{p}^\text{s} - \boldsymbol{p}^\text{f}) \mid \boldsymbol{y}^\top A \geq \boldsymbol{0}\}$

となる．主問題 P1 が許容解を持たないとき，線形計画の基本定理より双対問題 D1 は許容解を持たないか非有界であることが知られている．しかし双対問題 D1 は $\boldsymbol{y} = \boldsymbol{0}$ という許容解を持っている．ゆえに，主問題 P1 が実行不能ならば双対問題 D1 は非有界となる（すなわち，いくらでも目的関数値を小さくできる）．また，双対問題 D1 が目的関数値が負となる許容解 $\boldsymbol{y}'$ を持つならば，主問題 P1 は実行不能であることが以下のように簡単に導かれる．

問題 D1 は目的関数値が負となる許容解 $\boldsymbol{y}'$ を持ち，問題 P1 が許容解 $\boldsymbol{x}'$ を持つと仮定すると，$0 = \boldsymbol{0}^\top \boldsymbol{x}' \leq \boldsymbol{y}'^\top A \boldsymbol{x}' = \boldsymbol{y}'^\top (\boldsymbol{p}^\text{s} - \boldsymbol{p}^\text{f}) < 0$ となり矛盾．

上記より，線形不等式系 (15.4) が解を持たない必要十分条件は，線形不等式系

$$\boldsymbol{y}^\top(\boldsymbol{p}^\text{s} - \boldsymbol{p}^\text{f}) < 0, \ \boldsymbol{y}^\top A \geq \boldsymbol{0} \tag{15.5}$$

が解を持つこととなる[4]．

実は線形不等式系 (15.5) の解こそが前節のパゴダ関数に他ならない．変数ベクトル $\boldsymbol{y}$ は English board のマス目に対応した33次元ベクトルになっている．制約 $\boldsymbol{y}^\top A \geq \boldsymbol{0}$ 中の各不等式は，ジャンプに関する性質に対応している．たとえばジャンプ j を，マス目 s, t からペグを取り除き，マス目 r にペグを刺し込むジャンプとしよう．ジャンプ j に対応するジャンプベクトルは，ジャンプ行列 A の第 j 列であり，これに対応する (15.5) 中の不等式は $y_s + y_t - y_r \geq 0$ となっている．任意のペグ配置 $\boldsymbol{p} \in \{0,1\}^{33}$ に対し，$\mathrm{pag}(\boldsymbol{p}) = \boldsymbol{y}^\top \boldsymbol{p}$ と定義しよう．すると不等式系 $\boldsymbol{y}^\top A \geq \boldsymbol{0}$ は，前節で記述したパゴダ関数が満たす性質，「任意のジャンプ操作に対し，配置に対する値 $\mathrm{pag}(\cdot)$ は単調非増加となっている」を表していることが分かるだろう．また不等式 $\boldsymbol{y}^\top(\boldsymbol{p}^\text{s} - \boldsymbol{p}^\text{f}) < 0$ は，

---

[3] 目的関数に意味は無いので最大化でも最小化でも良いのだが，最大化にすると双対問題 D1 とパゴダ関数との相性が良い．

[4] この性質自体は Farkas の補題から直接導くこともできるし，実はその方が自然でもある．

$\mathrm{pag}(\boldsymbol{p}^{\mathrm{s}}) < \mathrm{pag}(\boldsymbol{p}^{\mathrm{f}})$ に他ならない.

以上より,次の三つは同値であることが分かる[5].

1. 配置 $\boldsymbol{p}^{\mathrm{s}}$ から配置 $\boldsymbol{p}^{\mathrm{f}}$ へジャンプ操作の繰り返しで到達できないことを示すパゴダ関数が存在する.
2. 線形不等式系 (15.5) が解を持つ.
3. 線形不等式系 (15.4) が解を持たない.

実際にパゴダ関数を(存在するならば)求めるには問題 D1 を解けば良いが,問題 D1 は最適値が 0 か,非有界のどちらかなので,たとえば $\mathrm{pag}(\boldsymbol{p}^{\mathrm{s}})$ を 1 に固定した問題

$$\text{D1}': \quad \min\{\boldsymbol{y}^\top(\boldsymbol{p}^{\mathrm{s}} - \boldsymbol{p}^{\mathrm{f}}) \mid \boldsymbol{y}^\top A \geq 0, \ \boldsymbol{y}^\top \boldsymbol{p}^{\mathrm{s}} = 1\}$$

を線形計画問題のソフトウェアで解く.問題 D1$'$ の最適値が負ならば,与えられたペグソリティア問題は解が無いことが分かる(くどいようだがこれは必要十分条件ではない).問題 D1$'$ を用いて「非有界という特殊状況での終了」を避けたことにより,最適値が負ならば最適解として (15.5) を満たす解,すなわちパゴダ関数を得ることができる.

15.4 応用編(分裂物語)

著名なパズルデザイナー芦ヶ原伸之の著書 [9] で出題されているパズル「(第31棟)分裂物語」に挑戦してみよう[6].このパズルでは図 15.9 のような右と下に無限に広がったマス目の盤を使う.初めに駒を左上隅に一つ置く.この初期配置から次の規則で駒を移動させる.「ある駒の右隣と真下のマス目が両方空いているとき,もとの駒を取り除いて,右隣と真下の 2 箇所に一つずつ駒を置くことができる.」この操作も,ペグソリティアに合わせてジャンプと呼ぼう.

---

[5] この同値性自体は [1] の 5 章において触れられており(線形計画の性質を用いない)証明の概略が書かれている.またこの性質の初出は Boardman (1961) と書かれているが,残念ながら文献の記載が無いため詳細は不明である.
[6] 初出は『パズル通信ニコリ』(47 号, 1994 年 2 月 10 日,ニコリ発行, p. 98) 誌上.

15.4 応用編（分裂物語）

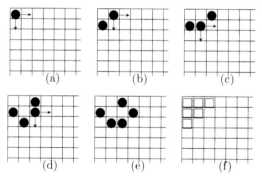

図 **15.9** 新しいパズル

問題 2：図 15.9(a) を初期配置として，ジャンプを繰り返し（有限回）行って，左上隅の 6 マス（図 15.9(f) で □ の書かれている所）から駒を無くすことができるか？

驚くべきことに，右と下に無限に広がった盤を使用しても上記の問題の答は「不可能」なのである．しかしながら [9] では単に「不可能だった」と書かれており詳細はまったく記載されていない．不可能性の証明としては，川連信 [4] による証明があり，瀬山士郎の 数学小説 [8] でも読むことができる．以下では計算機を道具に使ってこのパズルに挑戦し，[4,8] とは異なる新しい証明を構築する．

無限に広がる盤を相手にするのは困難なので，まずは 6×6 の小さな盤で考える（6×6 の盤での知見を，後に無限の盤へ拡張する）．盤から駒が出てしまうようなジャンプは許さないとする．36 個のマス目に 1〜36 の番号をふる．盤上の駒の配置は，駒があるところを 1，無いところを 0 とした 36 次元の 0-1 ベクトルで表すことができる．初期配置は，左上隅のマス目に対応する要素のみが 1 で，他の要素はすべて 0 の 36 次元ベクトルである．これを p^s と書く．盤から駒の落ちないようなジャンプは $5 \times 5 = 25$ 種類あるので，これにも 1〜25 の番号をつける．ジャンプ行列 $B = (b_{ij})$ を，36×25 の行列とし，

15 章 双対問題の教えてくれるコト

$$b_{ij} = \begin{cases} 1 & (\text{ジャンプ } j \text{ はマス目 } i \text{ の駒を取り除く}), \\ -1 & (\text{ジャンプ } j \text{ はマス目 } i \text{ に駒を置く}), \\ 0 & (\text{それ以外}), \end{cases}$$

と定義する．ここで，左上隅の 6 マスに対応する要素がすべて 0 で，残りの 30 個のマスに対応する要素がすべて 1 の 36 次元ベクトルを p^{f} と書くことにする（前節とは異なり最終配置ではないことに注意せよ．この問題で最終配置は与えられていない）．仮に 6×6 の大きさの盤に解があるとし，その解でジャンプ j を実行する回数を x_j とし，これを並べた 25 次元ベクトルを $\boldsymbol{x}$ とすると，

$$\boldsymbol{p}^{\mathrm{f}} \geq \boldsymbol{p}^{\mathrm{s}} - B\boldsymbol{x}, \quad \boldsymbol{x} \geq \boldsymbol{0} \tag{15.6}$$

という線形不等式系が成り立つ[7]．不等式系 $\boldsymbol{p}^{\mathrm{f}} \geq \boldsymbol{p}^{\mathrm{s}} - B\boldsymbol{x}$ は，ジャンプをすべて行った後の配置で，左上隅の 6 マスには駒が無く，他の 30 個の各マス目には高々一つの駒しかないことから得られる．もし線形不等式系 (15.6) を満たす解 $\boldsymbol{x}$ が存在しないならば，6×6 の大きさの盤の問題には解が無いことが分かる．

人工的な主問題と，その双対問題を作ると，

P2: $\quad \min\{\boldsymbol{0}^\top \boldsymbol{x} \mid B\boldsymbol{x} \geq \boldsymbol{p}^{\mathrm{s}} - \boldsymbol{p}^{\mathrm{f}}, \ \boldsymbol{x} \geq \boldsymbol{0}\}$,

D2: $\quad \max\{\boldsymbol{y}^\top (\boldsymbol{p}^{\mathrm{s}} - \boldsymbol{p}^{\mathrm{f}}) \mid \boldsymbol{y}^\top B \leq \boldsymbol{0}, \ \boldsymbol{y} \geq \boldsymbol{0}\}$,

が得られる[8]．線形計画の基本定理と D2 が許容解を持つことから，不等式系 (15.6) が解を持たないことと，

$$\boldsymbol{y}^\top (\boldsymbol{p}^{\mathrm{s}} - \boldsymbol{p}^{\mathrm{f}}) > 0, \ \boldsymbol{y}^\top B \leq \boldsymbol{0}, \ \boldsymbol{y} \geq \boldsymbol{0} \tag{15.7}$$

が解を持つことは必要十分条件となっている（証明は前節同様であるため省略）．
線形不等式系 (15.7) を満たす $\boldsymbol{y}'$ があれば，この問題のパゴダ関数（のような

---

[7] 線形不等式系 (15.4) と異なり，(15.6) には等式が無いことに注意．
[8] ペグソリティアと異なり，主問題は（無意味な）目的関数を最小化している．この理由は次の脚注を参照．

もの）となっていることを解説しよう．まず $\bm{y}'$ は各要素が各マス目に対応した 36 次元ベクトルである．あるジャンプ j を，s のマス目から駒を取り除き，マス目 t, r に駒を置く操作としよう．すると，ジャンプ行列 B の第 j 列ベクトルから作られる $\bm{y}'^\top B \leq \bm{0}$ 中の不等式は $y'_s - y'_t - y'_r \leq 0$, すなわち $y'_s \leq y'_t + y'_r$ であり，何かが増加することを意味しているようだ．任意の駒配置 $\bm{p} \in \{0,1\}^{36}$ に対し，$\mathrm{pag}'(\bm{p}) = \bm{y}'^\top \bm{p}$ と定義すれば，不等式系 $\bm{y}'^\top B \leq \bm{0}$ は，「任意のジャンプ操作に対し，配置に対する値 $\mathrm{pag}'(\cdot)$ は単調非減少である」という性質を意味していることが分かる[9]．ここで $\bm{y}'^\top(\bm{p}^\mathrm{S} - \bm{p}^\mathrm{f}) > 0$ と $\bm{y}'$ の非負性も成り立つならば，6×6 の大きさの盤は解が無いことが分かる[10]．

では実際に問題 D2 を計算機で解いてみよう．ただし，非有界となることを避けるために，$\mathrm{pag}'(\bm{p}^\mathrm{S}) = 1$ という制約を加えた

D2′: $\max\{\bm{y}^\top(\bm{p}^\mathrm{S} - \bm{p}^\mathrm{f}) \mid \bm{y}^\top B \leq \bm{0},\ \bm{y} \geq \bm{0},\ \bm{y}^\top \bm{p}^\mathrm{S} = 1\}$

を解く．最適値は $5/27$ であり，(15.7) を満たす解が最適解として得られた．最適解 $\bm{y}'$ は図 15.10 のようになり[11]，$1 = \mathrm{pag}'(\bm{p}^\mathrm{S}) > \mathrm{pag}'(\bm{p}^\mathrm{f}) = 22/27$ が成り立つため，大きさが 6×6 の盤は解を持たないことが確認できる．

1	$\frac{1}{2}$	$\frac{1}{6}$	0	0	0
$\frac{1}{2}$	$\left(\frac{1}{3}\right)$	$\frac{1}{2}\left(\frac{1}{3}\right)$	$\frac{1}{6}\left(\frac{1}{3}\right)$	0	0
$\frac{1}{6}$	$\frac{1}{2}\left(\frac{1}{3}\right)$	$\left(\frac{1}{3}\right)^2$	$\frac{1}{2}\left(\frac{1}{3}\right)^2$	$\frac{1}{6}\left(\frac{1}{3}\right)^2$	0
0	$\frac{1}{6}\left(\frac{1}{3}\right)$	$\frac{1}{2}\left(\frac{1}{3}\right)^2$	$\left(\frac{1}{3}\right)^3$	$\frac{1}{2}\left(\frac{1}{3}\right)^3$	$\frac{1}{6}\left(\frac{1}{3}\right)^2_*$
0	0	$\frac{1}{6}\left(\frac{1}{3}\right)^2$	$\frac{1}{2}\left(\frac{1}{3}\right)^3$	0	0
0	0	0	$\frac{1}{0}\left(\frac{1}{3}\right)^2_*$	0	0

図 15.10 6×6 盤のパゴダ関数．*印のマス目二つは $\frac{1}{6}\left(\frac{1}{3}\right)^3$ ではなくて $\frac{1}{6}\left(\frac{1}{3}\right)^2$ となっていることに注意

最後に図 15.10 をよーく眺めて構造を見つけてみよう．すると，右と下に無

---

[9] ペグソリティアのパゴダ関数は単調非増加であるのと異なっているが，このパズルでは駒が増えるので，$\mathrm{pag}'(\cdot)$ も増えた方が自然だろうと思い，この形式にした．
[10] 易しい練習問題なので省略する．ペグソリティアと異なり，ベクトル $\bm{p}^\mathrm{f}$ は最終配置の上界を与えるベクトルとなっているため，$\bm{y}'$ の非負性が必要不可欠であることに注意されたい．
[11] なんと，この最適解は端点解ではない！

15章 双対問題の教えてくれるコト

限に広がった盤に使えそうなパゴダ関数として図 15.11 のように，公比 (1/3) の等比数列 5 本からなるものがありそうだ．この盤上に，有限個の駒を置いた配置 p に対し，駒の置かれた場所の値の総和を $\mathrm{pag}^*(p)$ と書くことにする．このとき，「任意のジャンプ操作に対し，配置に対する値 $\mathrm{pag}^*(\cdot)$ は単調非減少である」という性質を満たすことが簡単に確認できる．

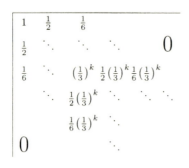

図 15.11 無限に広がった盤のパゴダ関数

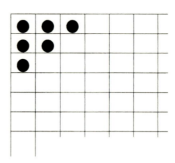

図 15.12 難しそうなパズル

この 5 本の等比数列の総和は

$$\left(1 + \tfrac{1}{2} + \tfrac{1}{2} + \tfrac{1}{6} + \tfrac{1}{6}\right) / \left(1 - \left(\tfrac{1}{3}\right)\right) = \left(\tfrac{7}{3}\right)\left(\tfrac{3}{2}\right) = \tfrac{7}{2}$$

であり，左上隅の 6 マスの合計が $1 + \tfrac{1}{2} + \tfrac{1}{2} + \tfrac{1}{6} + \tfrac{1}{6} + \tfrac{1}{3} = \tfrac{8}{3}$ であることから，左上隅 6 マス以外のマス目の値の総和は $\tfrac{7}{2} - \tfrac{8}{3} = \tfrac{5}{6}$ となる．これより，右と下に無限に広がった盤においても，有限回のジャンプ操作で左上隅 6 マスから駒を追い出すのは不可能であることが分かる．なぜならば，初期配置 p^S に対し $\mathrm{pag}^*(p^S) = 1$ であり，$\mathrm{pag}^*(\cdot)$ は単調非減少であるのに，左上隅 6 マスから駒を追い出してしまうと，$\mathrm{pag}^*(\cdot)$ の値が 5/6 未満になってしまうからである．

上記の値 1 と 5/6 が離れていることから，実はこのパズルを少し改変することもできる．たとえば「図 15.12 の配置から始めて，左上隅最奥の駒を動かしなさい」というパズルも解くことができない．

ペグソリティアについては，これだけで 1 冊の本がある [1]．また，Berlekamp, Conway and Guy の本 [2] 第 4 巻にペグソリティアの節がある．そこで紹介さ

れている peg solitaire army (Conway's soldiers) と呼ばれるパズルは，パゴダ関数に黄金比が出現する美しい証明で有名である．筆者は，有限の盤の peg solitaire army の問題を線形計画法で解いてみたところ，パゴダ関数としてフィボナッチ数列が出てきた事に驚愕かつ感動を覚えた経験がある．パゴダ関数と双対問題の関係については，論文 [5] で触れられている．2007 年に出た「ボードパズルで OR を教えよう」という論文 [3] においても，ペグソリティアが取り上げられている．

15.5 おわりに

本稿では，線形計画の双対問題を用いて「○○が存在しない」という証明の手がかりが得られる例を示した．小さなサイズの問題を数値的に解いて得られた双対最適解を吟味することで，証明のアイデアが得られるというこのプロセスに興味を持っていただければ幸いである．

参考文献

[1] Beasley, J. D.: *The Ins and Outs of Peg Solitaire* (Paperback), Oxford University Press, 1992.

[2] Berlekamp, E. R., Conway, J. H., and Guy, R. K.: *Winning Ways for Mathematical Plays* (2nd Edition). AK Peters, 2004.

[3] DePuy, G. W. and Taylor, G. D.: Using board puzzles to teach operations research, *INFORMS Transactions on Education*, Vol. 7, pp. 160–171, 2007.

[4] 川連 信:「『分裂物語』についての研究」,『数学教室』, No. 527, pp. 88–91, 1995 年 10 月号.

[5] Kiyomi, M. and Matsui, T.: Integer programming based algorithms for peg solitaire problems, *Computers and Games*, Lecture Notes in Computer Science, Springer, Vol. 2063, pp. 229–240, 2001.

[6] Paterson, M., Peres, Y., Thorup, M., Winkler, P., and Zwick, U., Maximum overhang, *ACM-SIAM Symposium on Discrete Algorithms* 2008, pp.756–765.

[7] Paterson, M. and Zwick, U., Overhang, *ACM-SIAM Symposium on Discrete Algorithms* 2006, pp.231–240.

[8] 瀬山士郎:『数学者シャーロック・ホームズ』, 日本評論社, 1996.

[9] 芦ヶ原伸之:『パズルの宣教師』, ニコリ, 2005.

16章

モデルの複雑さの問題点

伊理正夫

16.1 はじめに

どのような科学あるいは技術の分野においても同じことではあるが，ことに OR においては，対象とする現実の問題のモデル化がそれに続く解析の成否に決定的な影響を与える．どのようなモデルを作るかということは，即，問題をどのように把え理解するかということである．モデルで考えることは不得意で，データにもとづいて考えるという型のやり方もあるそうであるが [6]，そこでは"無構造モデル"というモデルが使われているとみることができる（空集合も集合である！）．

モデル化とは，現実に存在する対象から問題にとって本質的であると思われる要因・構造を選んで取り出すことであるから一つの抽象化であり，また，逆に見れば，残りのものを捨て去ることであるから一つの捨象過程でもある．そこで，モデルは必然的に"数学的"なものとなる．抽象化の効用は数々あるが，その一つに，異なる分野間の情報交換が容易になるということがあげられる．OR の基本的な数学的手法——数理計画，待行列，ネットワーク，ゲーム，信頼性，…——は，そのような意味でも大変有用なものである．異分野間の交流については，その重要性が叫ばれてから久しいが，現実には未だ他分野での成果を十分取り入れられずにいる所が少なくない．OR がそのような面からも社会科学，工学等の諸分野に貢献することが期待される．

モデル作りは，まだ何が本当の問題であるのかすらはっきりしないような状態から出発するのが常であるから，もちろん，モデル作りにたずさわる人の腕と頭によって，できあがるものは千差万別であろう．それにたずさわる人は誰

---

* 本稿の原記事は，『オペレーションズ・リサーチ』（1980 年 12 月号）に掲載された．

16章 モデルの複雑さの問題点

でも，しかし，"良い"モデルを作ろうと努めることであろう．ここでの"良さ"の規準が何であるかを明確に述べることは困難であるが，それが多面的であることだけは確かである．それら多くの大切な側面の中で最も重要なものの一つとして，モデルの"扱いやすさ"があげられよう．すなわち，作られたモデルを使って，どれだけ多くのことをどのくらい容易に知ることができるかということである．

ここでは，このモデルの扱いやすさを支配する一大要因である"計算複雑度"という概念に関して，モデルの複雑さという見方への動機づけを主にして述べてみたい．

16.2　一つの例

数学モデルの作り方一つで扱いがやさしくもなれば難しくもなるという例として，次の有名な問題をとりあげてみよう．

回転軸の位置を検出する装置を作りたい．軸は1回転の1/8ずつしか動かないので，円周を8等分してそのどこにあるかを区別しさえすればよい．そのような区別をするには，軸に絶縁体の円板をとりつけて，その縁に3重に環状の部分を設け，それぞれ円周の1/2, 1/4, 1/8ごとに交互に導体箔を貼りつけ，導体箔があるかないかを調べるための刷子を3組とりつければよいことは明らかであろう．できあがりは，たとえば，図16.1(a)のようなものになる．端子対 x_i ($i = 1, 2, 3$) が導通状態にあるか絶縁状態にあるかを1,0で表せば，図の下に記してあるように，8個の位置が区別できる．これは，3桁の2進数で8個の数（10進表現で 0,1,2,3,4,5,6,7）を表せるという事実を素朴に利用した方法である．

ところで，環状の部分を1重で済ますことはできないであろうか．これが問題である．刷子はやはり3組用いなければならない（8個のものを区別するには3ビットの情報が要るから）．導体箔を円周8等分の上に上手に貼りつけて，相続く3部分に導体箔があるかどうかのパターンが8通り異なるようにできれば，そのような設計ができることになる．今の場合，図16.1(b)のようにすれば可能である（図16.1(b)の下に記してある 0,1 の系列（円順列とみなす）にお

16.2 一つの例

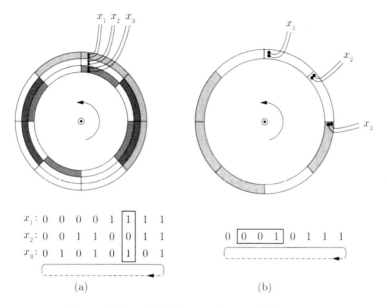

図 **16.1** 円板の回転位置 (1/8 回転ごと) を検出する装置

いて，どの連続する3数字もみな異なること，すなわち000〜111の8通りの2進数がみな現われていること，を確認されたい）．なぜこのようなことが可能なのであろうか．また，8等分を16等分，32等分，…と一般化してもこのようなことが常に可能であろうか．

一般的に述べると，「円周に沿って0と1を合わせて2^q個並べ，相続くq個の数字を2進数とみなしたとき0から2^q-1までがすべて現われるようにすることができるか」という問題になる．この問題を"グラフ理論的"にモデル化してみよう．とりあえず$q=3$としておく．

第1に考えられるのは，系列中のある位置にある3文字連続uvw ($u,v,w=0$ または1) に注目し，その"次"に現れる3文字連続として可能なものは$vw0$か$vw1$のどちらかに限るという事実を利用することである．すなわち，000〜111の8個の3桁の2進数に対応した8個の頂点をもつグラフを考え，2進数uvwに対応する頂点から2進数$vw0$および$vw1$に対応する頂点へ向かう弧を描く（弧の側にはそれぞれ0,1と付記しておく）．このようにすると図 16.2(a)

177

16章 モデルの複雑さの問題点

のようなグラフが得られる．もし求める性質を有する系列が存在するならば，このグラフの上で，すべての頂点をちょうど1回ずつ通ってもとにもどる有向閉路――すなわち，有向 Hamilton 閉路――が存在するはずである．逆に，このグラフに有向 Hamilton 閉路が存在すれば，その弧に付記されている 0,1 を並べれば求める系列が得られることも明らかであろう．つまり，問題は，有向グラフの上の有向 Hamilton 閉路の存在を調べることに帰着された．

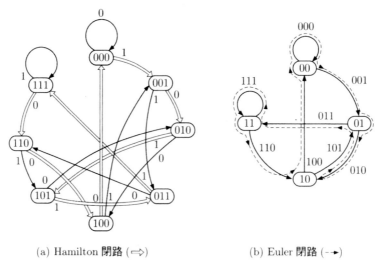

(a) Hamilton 閉路 (⇒)　　　(b) Euler 閉路 (--▶)

図 16.2 系列 00010111 を作り出す二つの方法

第2の考え方は，系列中の2文字連続に注目することである．上と同様にして，2文字連続 uv の次に現れる可能性のある2文字連続は $v0$ と $v1$ である．ところが，uv の次に $v0$ が現れるときには，そこに3文字連続 $uv0$ があるはずであり，uv の次に $v1$ が現れるときには，$uv1$ があるはずである．そこで，2文字連続 00,01,10,11 に対応する4個の頂点をもつグラフを考え，uv に対応する頂点から $v0, v1$ に対応する頂点に弧を引き，それらの弧の側に，それぞれ，$uv0, uv1$ と付記する．このようにして作られたグラフ（図 16.2(b)）には，$4 \times 2 = 8$ 本の弧があり，それらの弧には $0 \sim (2^3 - 1)$ の8個の2進数がちょうど一つずつ付記されている．もし求める性質を有する系列が存在するならば，このグラ

フの上で，すべての弧をちょうど1回ずつ通ってもとにもどる有向閉路1——すなわち，有向Euler閉路——が存在するはずである．逆に，このグラフに有向Euler閉路が存在すれば，それにもとづいて求める性質を有する系列を作ることができることも明らかであろう．

グラフに関する各種の問題が，それぞれ，どのくらい"扱いやすい"あるいは"扱いにくい"ものであるかは，ここ10余年の間に発達した"計算複雑度(computational complexity)"の理論によってかなり良く解明されている．それによると，与えられた任意の有向グラフ上に有向Hamilton閉路が存在するかどうかを判定する問題は，いわゆるNP完全問題の一つであって，今のところ"しらみつぶし"式に調べてみるより致し方ない．したがって，「グラフが少し大きくなると，かかる手間が急に大きくなる」ような問題であることが知られている．一方，与えられた有向グラフ上に有向Euler閉路が存在するかどうかを判定（し，もし存在すればその一つを作成）する問題は，グラフの頂点や弧の数に比例する程度の時間と領域を用いて解くことができる，すなわち，非常に大きなグラフに対しても効率よく解くことのできる，という，"最も扱いやすい"問題であることが知られている．このことは，グラフ理論の既製の理論や手法をそっくりそのまま利用しようとするなら，われわれの問題は第2の考え方にしたがってモデル化するほうが絶対に有利であるということを意味している．そして，このように"上手なモデル作り"をするには，各種の数学モデルの複雑さについての知識が基本的に重要であるということが理解されよう．

ちなみに，本節でとりあげた問題について言えば，図16.2(b)のようなグラフは，qが2以上のどんな値であっても，2^{q-1}個の頂点のどれについても，それに入る弧が2本，そこから出る弧が2本という形をしており，また，グラフは連結である．有名なEulerの定理によると，連結グラフの各頂点に入る弧の数と出る弧の数が等しければ有向Euler閉路が存在する．したがって，円周を2^q等分（$q \geq 2$）した位置を区別するには，その縁に環状の部分を一つだけ設け，刷子をq組用意すれば十分である．どのように導体箔を貼ればよいかも，上に述べたように，線形時間・線形領域の算法で定めることができる．この問題はさらに「p種類の文字を（重複を許して）p^q個並べた円順列を作り，相続くq文字連続p^q個の集合がp種類の文字から作られる可能なq文字連続のすべて

16章　モデルの複雑さの問題点

の集合と一致するようにすることができる」という"de Bruijnの定理"（たとえば [2] 参照）に一般化することができる（これは上記の特殊な場合に対するものとまったく同様にして証明される）．また，Hamilton（閉）路の問題は"一般には"非常に難しい問題であるが，特殊な形のグラフに対しては存在・非存在条件が知られている場合があり，それに関する論文も数えきれないくらいある（その"専門家"でない，ご用とお急ぎの方のお役には立たないくらい数が多い）．

16.3　計算複雑度の理論

　大規模な問題を手早く解きたいという願望をきちんと数学的に定式化して，どのような型の問題は大規模なものまで比較的やさしく解け，どのような型の問題は少し大きくなると大型計算機の助けを借りてもとても手に負えないようなものであるか，というようなことを明らかにすることを目的とした"計算複雑度の理論"が，ここ10年余りの間に，確立された．それがどんな理論であるかについては成書（たとえば，代表的なものとしての [1]，より通俗的な入門解説書としての [5]，など）を，また，ORとの関連においてぜひ心得ておくべき典型的な話題については本書を，それぞれ，参考にしていただくことにして，ここでは，そのような理論的な進歩のもたらした実用への貢献，理論の進歩と並んで進行した技術の進歩，等を概括しよう．

　過去10年余りの間に計算機の金物（および基本ソフト）の進歩は目ざましかったが，それとともに，大規模な問題を効率よく（計算時間の意味でも必要とされる記憶容量の意味でも）扱うためのデータ構造と算法も長足の進歩をとげ，多くの"定石"が専門技術者の間に定着してきた，15年前には「とにかく，計算機に載せた」というだけで一つの成果あるいは成功であったことが，現在では「どのくらい効率よく処理できるようにしたか」が勝負のしどころになっているという例は枚挙にいとまがないくらいある．ことに，組合せ論的側面を有する問題を扱うときにはそのような傾向が強い．ソーティングとか各種のグラフ的な問題とかシミュレーションにおける将来事象の管理法とかは，その代表的なものであろう．数百，数千のノード（頂点）やリンク（弧）からなる道

16.3 計算複雑度の理論

路網上で,最短経路を求めたり最大可能流量を求めたりするとき,素朴な動的計画 (DP: Dynamic Programming) 式のやり方と現在最も良いとされているやり方とでは,おそらく,少なくて数十倍,ひょっとすると数百倍もの所要時間の違いが出るであろう.それなのに,実際には,まだ旧式のやり方しか知らない,あるいは知っていても使っていない向きがままあるやに聞く(この辺りの事情については少々古いが [7] などが参考になろう).

計算複雑度の理論では,算法の複雑さ(あるいは問題そのものの複雑さ)を「問題の規模 n が大きくなるにつれて,それを解くのに要する時間が n のどのような関数として増大する可能性があるか」によって測ることにしている.その関数 $T(n)$ が $\limsup_{n\to\infty} T(n)/n^k < \infty$ を満たすとき,すなわち,$T(n)$ が高々 n^k 程度でしか大きくならないとき,$T(n) = O(n^k)$ と書く.このような $T(n)$ を持つ算法(あるいは問題)は"多項式オーダー"の複雑度であるという.多項式オーダーの複雑度というのは,問題の規模 n が大きくなっても実用的にかなりの所までは扱うことができるという種類のものであるとみなされる.これに対して,"非多項式オーダー"のものは,どのような k を選んでも $O(n^k)$ と表せない,すなわち $O(2^n)$ とか $O(n^n)$ とかいうような複雑度である.あらゆる可能な場合を"しらみつぶし式"に調べてゆく方法は,たいていこのような複雑度を持つ.非多項式オーダーの複雑度を持つ方法を用いたのでは,ちょっと大きな問題(たとえば $n=10$ とか 15 とかいう程度)でも計算時間がかかりすぎて扱うことができなくなる.

"理論"では,このように,多項式オーダーと非多項式オーダーをはっきりと区別し,前者を"実用的",後者を"非実用的"なものの数学的な定義としている.さらに,同じ多項式オーダーの中でも $O(n^k)$ の k の小さいものほど"より効率が良い"とみなしている.しかし,この"実用性","効率性"の理論的定義が必ずしも現実的環境における実用性,効率性と一致するとは限らないことにも注意すべきである.たとえば,最近のトップニュースの一つである[1] Khachian による線形計画問題の多項式オーダーの解法(解説 [4] 参照)よりは最悪の場合非多項式オーダーになる単体法のほうが,現実的環境のもとでは遥

---

[1] 1980 年当時のこと.

16章 モデルの複雑さの問題点

かにすぐれている．また大きな行列（そのような行列には零要素が多いのが普通である）の積を作るのには，四則演算の総数が $O(n^{2.8\cdots})$ である Strassen の方法よりは，それが $O(n^3)$ である通常の方法のほうが良いことも確かめられている（n は行列の次数）．ネットワーク関係の算法についても，理論的な複雑度が小さいものより，主単体法系統の算法を"磨き上げた"もののほうが実際には性能が良いと，実績にもとづいて主張しているグループがある [3]．さらに，"しらみつぶし法"そのものも，分枝限定法等にいろいろな工夫を凝らして，少しでも実用性を向上させようとの努力が続けられている．"理論"のほうも，少しでも現実に近づこうとして，厳密解でなく近似解を求める算法の複雑度とか，最悪の場合でなく平均的な場合の計算時間とかいうようなものの研究へと進んできている（が，果たして本当に現実に近づいているであろうか）．

計算複雑度の理論の中での大傑作は S. Cook による"NP 完全性"の概念である．世の中には，「多項式オーダーの解法がまだ知られてはいないが，そのような解法が存在しないということが証明されているわけでもない」という問題が数多くある．そのような問題の相当部分が「そのうちのどれか一つの問題に対して多項式オーダーの解法が存在すれば他のすべての問題に対しても多項式オーダーの解法が存在する」という関係でお互いに結ばれている．この事実を指摘し，そのようなグループに属する問題を"NP 完全問題"と呼んだのが Cook である．前節で触れた Hamilton 閉路の問題も NP 完全問題の一つである．現在のところ，NP 完全問題を解く多項式オーダーの算法は存在しないであろうと思われている．

「"計算機科学科"の卒業生は企業で評判が良くない」という噂が，ある国では，流されているという．その根拠は，何か現実的な問題を与えて解決するよう頼むと，「その問題は，理論的には有名な NP 完全問題であるこれこれしかじかの問題となりますので，解くのは諦めるべきであります」という返事をすぐするからであるという．これは，事の核心に触れることである．計算複雑度の知識をこのように消極的に利用するのは，決して OR 的な態度ではない．与えられた現実の問題がそのような難しい理論的問題になることを知ったときに選ぶべき道は，上のような返事をすることではなく，次の二つでなければならない．

① モデル化を変えてみる：現実の問題の理論モデルが一意的に定まるのでないことはすでに強調したとおりである．もっとうまいモデル，すなわち，考え方，があるかもしれない．
② 理論的に難しい問題であることがわかったら，困惑するのではなくむしろ喜ぶべきであると悟る：理論的によく調べ尽されている問題に自分の問題が当てはまるのであれば，先人の成果を十分に勉強してそれを役立てないと後で人に笑われるかもしれない．しかし，それについての有用な成果がないことが知られているような"難しい"問題であれば，どうせ調べても大して得るところはないであろう．したがって，一般理論の助けを借りることはあきらめて，自分に与えられた"具体的な特定の"問題を曲がりなりにも——いくら泥臭い方法によっても，また，少々解の質が悪くとも——解決するよう努力しさえすればよい．

しかし，自信をもってこのような選択をなすことができるためには，計算複雑度についてそれなりの勉強をし，十分な知識をもっていなければならないことはもちろんである．

16.4 "複雑さ"以外にも大切なことはある

本稿のはじめにも述べたことではあるが，"複雑さ"はモデル作りの際に考慮すべき大切なことの一つであるが，それがすべてではない．たとえば，本質を損わずに複雑さを減らそうとして多大の頭脳力を投入することが，より広い視点から見て引き合うことであるかどうか．それは，そのようにして作られたモデルが後でどのくらい頻繁に利用されるかにもよるが，それ自身まさに OR 的な問題である（実務家の立場と研究者の立場との違いも出てこよう）．また，モデルには，もっと基本的な要請があることも忘れてはならない．それは，素朴な表現ではあるが"適切さ (adequacy)"と呼ばれるものである．いくら簡単で現実によく合うモデルであっても，物理的に考えてつじつまが合わないものであってはならないし，そのモデルの正当性を他人に説明できるようなものでなければならない．

"良い"モデル作りというもっと広い視野から見て，"複雑さ"という観点の

16章 モデルの複雑さの問題点

果たすべき役割に OR の実務家の方々が関心をもち,そして,計算複雑度の研究者達へ注文をつけていただけるなら,それは OR にとっても計算複雑度の研究の将来にとっても,大変幸いなことと思う.

参考文献

[1] Aho, A. V., Hopcroft, J. E. and Ullman, J. D. : *The Design and Analysis of Computer Algorithms*, Addison-Wesley, 1974. (野崎昭弘,野下浩平 他訳:『アルゴリズムの設計と解析 I, II』,サイエンス社,1977.)

[2] Busacker, R. G. and Saaty, T. L. : *Finite Graphs and Networks—An Introduction with Applications*, McGraw-Hill, 1965. (矢野 健太郎,伊理正夫 訳:『グラフ理論とネットワーク—基礎と応用』,培風館,1970.)

[3] Glover, F., Klingman, D., Mote, J. and Whitman, D. : An extended abstract of an in depth algorithmic and computational study for maximum flow problems, *Discrete Applied Mathematics*, Vol. 2, No. 3, pp. 251–254, 1980.
 Glover, F. and Klingman, D.: Precis of computational analysis of shortest path algorithms, *COAL Newsletter*, Committee on Algorithms, Mathematical Programming Society, pp. 2–5, 1980.

[4] 伊理正夫:線形計画法に画期的な新解法現わる?,『オペレーションズ・リサーチ』,Vol. 25, No. 3, pp. 187–193, 1980.
 伊理正夫:線形計画法の計算複雑度—Khachian の理論とその周辺,第 1 回数理計画シンポジウム論文集,pp. 29–41, 1980.

[5] 伊理正夫,野崎昭弘,野下浩平(編著):『計算の効率化とその限界』,入門・現代の数学,13,日本評論社,1980.

[6] 森口繁一:モデルとデータ,『経営科学』,Vol. 17, No. 4, pp. 191–204, 1973.

[7] 日本オペレーションズ・リサーチ学会,『ネットワーク構造を有するオペレーションズ・リサーチ問題の電算機処理に関する基礎研究』,報文シリーズ T-73-1, 1973.

おわりに

　ここまで辿りついた読者は，様々な立場からの思いの込められた論考を読んで，モデルやモデリングに対する考えを新たにされたのではないだろうか．言葉の意味は主観と客観のせめぎあいで決まってくる．それはまさに，モデルと現実の関係を反映しているような観がある．モデルやモデリングという言葉のもつ意味も，時代とともに変化していく．20世紀は「人間がモデルを操作する時代」であったといえよう．モデルと現実が定量的に合うことが有用なモデルであることの重要な要件と考えられていた．そして，モデリングの対象は，自然現象や機械や電気回路等，再現性があり，検証可能なものであった．モデルと解析対象の間にこのような確固たる関係があってはじめてモデルに依拠して巨大システム，コンピュータ，航空機，宇宙船，超高層建築等を実現できるのである．

　それに対し，21世紀は「モデルが人間を操作する危うさを伴った時代」であるといえる．20世紀の科学技術の大きな成功，そして，計算機・センサー・ネットワークの目覚ましい進歩ゆえに，モデリングの適用範囲は拡大し，金融やマーケティング，社会システム，経済等，検証が困難な現象について「モデル」が構築されるようになった．電子回路モデルの精緻さに比較して，これらの社会現象モデルの，扱う現象の複雑さに比する荒っぽさは驚くべきものであるが，それが，すでに社会を動かしていく大きな力となっていることもまた事実である．これが「モデルが人間を操作する」と上で述べたことである．

　金融やマーケティングの分野でモデルによる戦略策定とヤマ勘による戦略策定とどちらがより優れているのか？　実はわからないのである．我々はその相克の中で生きている．果たしてこの「モデル」を信じるものは最後に救われるのであろうか？　現在，モデルやモデリングを取り巻く状況は，一大転換点を迎えつつあるといっても言い過ぎではないであろう．50年経ったのちに，我々がど

おわりに

のような形でモデルと向かい合っているか，想像することは困難である．

このような状況の中，本書が，読者が 21 世紀のモデリングのあり方について考え，学問への憧れと夢，そして本シリーズの続巻への期待を膨らませる先導役となれば幸いである．

執筆者の一人である赤池弘次氏は 2009 年 8 月に亡くなられた．令夫人 光子様には，快く『オペレーションズ・リサーチ』に掲載された論考の掲載をお許しいただき，さらに，様々な形でご協力いただいた．ここに記して改めて心よりの感謝の意を表したい．

2015 年 7 月

室田一雄・池上敦子・土谷 隆

著者紹介

【編集委員】

室田一雄（むろた かずお）
1980 年東京大学工学系研究科計数工学専攻修士課程修了．その後，東京大学助手，筑波大学講師，東京大学助教授，京都大学助教授，教授を経て，2002 年より東京大学教授．
博士（工学，東京大学，1983 年），博士（理学，京都大学，2002 年）

池上敦子（いけがみ あつこ）
立教大学理学部数学科卒業後，成蹊大学助手，講師，准教授を経て，2009 年より教授．
博士（工学，成蹊大学，2001 年）

土谷 隆（つちや たかし）
1986 年東京大学工学系研究科計数工学専攻修士課程修了．その後，統計数理研究所助手，助教授，教授を経て，2010 年より政策研究大学院大学教授．
博士（工学，東京大学，1991 年）

【執筆者（執筆順）】

赤池弘次（あかいけ ひろつぐ）
1952 年　東京大学理学部数学科卒業
1952 年　統計数理研究所入所
1961 年　理学博士（東京大学）
1986 年　統計数理研究所所長
1988 年　総合研究大学院大学数物科学研究科教授，統計科学専攻長（初代）
1994 年　統計数理研究所名誉教授，総合研究大学院大学名誉教授
2009 年　逝去
主要著書：『ダイナミックシステムの統計的解析と制御』（共著）（サイエンス社，1972 年）
　　　　　Selected Papers of Hirotugu Akaike (E. Parzen, K. Tanabe and G. Kitagawa (Eds.)) (Springer-Verlag, 1998 年)
　　　　　『赤池情報量規準 AIC—モデリング・予測・知識発見』（共著）（共立出版，2007 年）

伊理正夫（いり まさお）
1955 年　東京大学工学部応用物理学科（数理工学専修コース）卒業
1960 年　東京大学大学院数物系研究科応用物理学専門課程博士課程修了，工学博士
1960 年　九州大学工学部通信工学科助手，助教授

1962 年　東京大学工学部計数工学科助教授
1973 年　東京大学工学部計数工学科教授
1993 年　東京大学定年退官，名誉教授
1993 年　中央大学理工学部情報工学科教授
2003 年　中央大学定年退職　現在に至る
主要著書：*Network Flow, Transportation and Scheduling : Theory and Algorithms*（Academic Press, 1969 年）
　　　　　『数値計算の常識』（共著）（共立出版，1985 年）
　　　　　『線形計画法』（共立出版，1986 年）
　　　　　『線形代数汎論』（朝倉書店，2009 年）

茨木俊秀（いばらき としひで）
1963 年　京都大学工学部電気工学科卒業
1965 年　京都大学修士課程電子工学専攻修了
1967 年　イリノイ大学コンピュータ科学科研究員
1969 年　京都大学工学部助手，その後助教授
1970 年　工学博士（京都大学）
1983 年　豊橋技術科学大学工学部教授
1985 年　京都大学工学部教授
2004 年　関西学院大学理工学部教授，京都大学名誉教授
2009 年　京都情報大学院大学教授
2010 年　京都情報大学院大学学長　現在に至る
主要著書：*Algorithmic Aspects of Graph Connectivity*（共著）（Cambridge, 2008 年）
　　　　　『グラフ理論』（共著）（朝倉書店，2010 年）
　　　　　『最適化の数学』（共立出版，2011 年）
　　　　　『C によるアルゴリズムとデータ構造』（オーム社，2014 年）

腰塚武志（こしづか たけし）
1966 年　東京大学工学部都市工学科卒業
1968 年　東京大学大学院工学系研究科修士課程修了
1969 年　東京大学助手
1977 年　工学博士（東京大学）
1978 年　筑波大学助教授
1990 年　筑波大学教授
2004 年　国立大学法人筑波大学理事・副学長
2009 年　南山大学理工学部教授　現在に至る
主要著書：『都市計画数理』（共著）（朝倉書店，1986 年）
　　　　　『建築・都市計画のためのモデル分析の手法』（共著）（井上書院，1992 年）
　　　　　『計算幾何学と地理情報処理　第 2 版』（編集）（共立出版，1993 年）

小島政和（こじま まさかず）
1969 年　慶應義塾大学工学部管理工学科卒業
1971 年　慶應義塾大学工学研究科修士課程（管理工学専攻）修了
1974 年　慶應義塾大学工学研究科博士課程（管理工学専攻）修了，工学博士
1973 年　慶應義塾大学工学部管理工学科助手
1975 年　東京工業大学理学部情報科学科助手
1979 年　東京工業大学理学部情報科学科助教授
1989 年　東京工業大学理学部情報科学科教授
1994 年　東京工業大学情報理工学研究科数理・計算科学専攻教授
2011 年　東京工業大学定年退職，東京工業大学名誉教授　現在に至る
主要著書：『オペレーションズ・リサーチ』（共著）（日本規格協会，1980 年）
　　　　　『相補性と不動点―アルゴリズムによるアプローチ』（産業図書，1981 年）
　　　　　A Unified Approach to Interior Point Algorithms for Linear Complementarity Problems（共著）（Springer-Verlag, 1991 年）
　　　　　『内点法』（共著）（朝倉書店，2001 年）

福島雅夫（ふくしま まさお）
1972 年　京都大学工学部数理工学科卒業
1974 年　京都大学大学院工学研究科修士課程修了
1974 年　京都大学助手
1979 年　工学博士（京都大学）
1983 年　京都大学講師
1985 年　京都大学助教授
1993 年　奈良先端科学技術大学院大学教授
1996 年　京都大学教授
2013 年　京都大学名誉教授
2013 年　南山大学教授　現在に至る
主要著書：『非線形最適化の理論』（産業図書，1980 年）
　　　　　『数理計画入門』（朝倉書店，1996 年）
　　　　　『非線形最適化の基礎』（朝倉書店，2001 年）
　　　　　『新版・数理計画入門』（朝倉書店，2011 年）

森戸 晋（もりと すすむ）
1969 年　早稲田大学理工学部工業経営学科卒業
1976 年　Case Western Reserve University, Department of Operations Research, 博士課程修了，Ph.D.
1980 年　筑波大学社会工学系助教授
1983 年　早稲田大学理工学部工業経営学科助教授
1985 年　早稲田大学理工学部工業経営学科教授
1996 年　早稲田大学理工学部経営システム工学科教授　現在に至る

主要著書：『オペレーションズリサーチ I』（共著）（朝倉書店，1991 年）
　　　　『システムシミュレーション』（共著）（朝倉書店，2000 年）

逆瀬川浩孝（さかせがわ ひろたか）
1969 年　東京大学理学部数学科卒業
1980 年　筑波大学社会工学系助教授
1989 年　理学博士（東京工業大学）
1991 年　筑波大学教授
1993 年　早稲田大学理工学部工業経営学科教授
1996 年　早稲田大学理工学部経営システム工学科教授
2014 年　早稲田大学名誉教授　現在に至る
主要著書：『システムシミュレーション』（共著）（朝倉書店，2000 年）
　　　　『R で学ぶ統計解析』（共著）（朝倉書店，2012 年）
　　　　『Excel で学ぶオペレーションズリサーチ』（近代科学社，2014 年）

木村英紀（きむら ひでのり）
1965 年　東京大学工学部計数工学科卒業
1970 年　東京大学大学院工学系研究科計数工学専攻博士課程修了，工学博士
1970 年　大阪大学基礎工学部制御工学助手，その後講師，助教授
1987 年　大阪大学工学部教授
1995 年　東京大学工学部計数工学科教授
1999 年　東京大学大学院新領域創成科学研究科複雑理工学専攻教授
2001 年　理化学研究所バイオミメティックコントロール研究センター　生物制御システム研究チーム　チームリーダー
2007 年　理化学研究所　理研 BSI-トヨタ連携センター連携センター長
2009 年　科学技術振興機構研究開発戦略センター上席フェロー
2013 年　早稲田大学招聘研究教授　現在に至る
主要著書：*Chain-Scattering Approach to H^∞ Control*（Birkhäuser, 1997 年）
　　　　『H^∞ 制御』（コロナ社，2000 年）
　　　　『フーリエ - ラプラス解析』（岩波書店，2007 年）
　　　　『ものつくり敗戦』（日本経済新聞出版社，2009 年）

深谷賢治（ふかや けんじ）
1981 年　東京大学理学部数学科卒業
1983 年　東京大学大学院理学系研究科修士課程修了
1983 年　東京大学助手
1986 年　理学博士（東京大学）
1987 年　東京大学助教授
1994 年　京都大学教授
2013 年　サイモンズ幾何物理センター教授　現在に至る

主要著書:『数学者の視点』(岩波書店, 1996 年)
　　　　　『これからの幾何学』(日本評論社, 1998 年)
　　　　　『シンプレクティック幾何学』(岩波書店, 2008 年)
　　　　　『ミラー対称性入門』(日本評論社, 2009 年)

鈴木敦夫 (すずき あつお)
1981 年　東京大学工学部計数工学科卒業
1983 年　東京大学大学院工学系研究科修士課程修了
1983 年　東京大学助手
1986 年　南山大学講師
1988 年　工学博士 (東京大学)
1990 年　南山大学助教授
1998 年　南山大学教授　現在に至る
主要著書:『最適配置の数理』(共著) (朝倉書店, 1992 年)

藤原祥裕 (ふじわら よしひろ)
1987 年　名古屋大学医学部卒業
1990 年　名古屋大学医学部附属病院助手
1999 年　医学博士 (名古屋大学)
2005 年　愛知医科大学医学部麻酔科学講座准教授
2010 年　愛知医科大学教授
2011 年　南山大学ビジネス研究科ビジネス専攻卒業, 経営学修士
2014 年　愛知医科大学病院副院長　現在に至る
主要著書:『周術期超音波診断・治療ガイド』(共監訳) (エルゼビア・ジャパン, 2010 年)

田村明久 (たむら あきひさ)
1984 年　東京工業大学理学部情報科学科卒業
1986 年　東京工業大学大学院理工学研究科修士課程修了
1989 年　東京工業大学大学院理工学研究科博士課程修了, 理学博士
1989 年　東京工業大学助手
1993 年　電気通信大学講師
1994 年　電気通信大学助教授
1999 年　京都大学助教授
2004 年　慶應義塾大学教授　現在に至る
主要著書:『最適化法』(共著) (共立出版, 2002 年)
　　　　　『離散凸解析とゲーム理論』(朝倉書店, 2009 年)

久保幹雄 (くぼ みきお)
1985 年　早稲田大学理工学部工業経営学科卒業
1987 年　早稲田大学理工学研究科博士前期課程卒業

1990 年	早稲田大学理工学研究科博士後期課程単位修得後退学
1990 年	早稲田大学助手
1993 年	東京商船大学講師，博士（工学，早稲田大学）
1994 年	東京商船大学助教授
2003 年	東京海洋大学助教授
2008 年	東京海洋大学教授　現在に至る

主要著書：『組合せ最適化とアルゴリズム』（共立出版，2000 年）
　　　　　『ロジスティクス工学』（朝倉書店，2001 年）
　　　　　『実務家のためのサプライ・チェイン最適化入門』（朝倉書店，2004 年）
　　　　　『サプライ・チェイン最適化ハンドブック』（朝倉書店，2007 年）

松井知己（まつい　ともみ）

1985 年	東京工業大学工学部経営工学科卒業
1987 年	東京工業大学大学院理工学研究科修士課程修了
1990 年	東京工業大学大学院総合理工学研究科博士後期課程単位取得後退学
1990 年	東京理科大学理工学部経営工学科助手
1992 年	東京大学工学部講師，博士（理学，東京工業大学）
1996 年	東京大学大学院工学系研究科助教授
2001 年	東京大学大学院情報理工学系研究科助教授
2006 年	中央大学理工学部教授
2013 年	東京工業大学大学院社会理工学研究科教授　現在に至る

主要著書：『組合せ最適化［短編集］』（共著）（朝倉書店，1999 年）
　　　　　『オペレーションズ・リサーチ』（共著）（朝倉書店，2004 年）
　　　　　『誰でも証明が書ける』（日本評論社，2010 年）

公益社団法人 日本オペレーションズ・リサーチ学会について

1957年6月15日設立．会員数約2000人(2015年2月現在)．オペレーションズ・リサーチの研究，手法開発，企業経営や行政における具体的な問題解決への活用を促進することを目的とする学会であり，会員相互の情報交換，海外との交流を積極的に推進している．
(ホームページ：http://www.orsj.or.jp/)

シリーズ：最適化モデリング 1
モデリング
—広い視野を求めて—

© 2015 Kazuo Murota, Atsuko Ikegami, Takashi Tsuchiya,
Hirotugu Akaike, Masao Iri, Toshihide Ibaraki,
Takeshi Koshizuka, Masakazu Kojima, Masao Fukushima,
Susumu Morito, Hirotaka Sakasegawa, Hidenori Kimura,
Kenji Fukaya, Atsuo Suzuki, Yoshihiro Fujiwara,
Akihisa Tamura, Mikio Kubo, Tomomi Matsui
Printed in Japan

2015年3月31日　初版第1刷発行
2015年7月31日　初版第2刷発行

編　者　室田一雄・池上敦子・土谷　隆

著　者　赤池弘次・伊理正夫・茨木俊秀
　　　　腰塚武志・小島政和・福島雅夫
　　　　森戸晋・逆瀬川浩孝・木村英紀
　　　　深谷賢治・鈴木敦夫・藤原祥裕
　　　　田村明久・久保幹雄・松井知己

発行者　　　　　　小　山　　透

発行所　　株式会社　近代科学社

〒162-0843　東京都新宿区市谷田町2-7-15
電　話　03-3260-6161　振替　00160-5-7625
http://www.kindaikagaku.co.jp

藤原印刷　　　　　ISBN978-4-7649-0477-4
　　　　　　　　定価はカバーに表示してあります．

【本書のPOD化にあたって】

近代科学社がこれまでに刊行した書籍の中には、すでに入手が難しくなっているものがあります。それらを、お客様が読みたいときにご要望に即してご提供するサービス/手法が、プリント・オンデマンド（POD）です。本書は奥付記載の発行日に刊行した書籍を底本としてPODで印刷・製本したものです。本書の制作にあたっては、底本が作られるに至った経緯を尊重し、内容の改修や編集をせず刊行当時の情報のままとしました（ただし、弊社サポートページ https://www.kindaikagaku.co.jp/support.htm にて正誤表を公開/更新している書籍もございますのでご確認ください）。本書を通じてお気づきの点がございましたら、以下のお問合せ先までご一報くださいますようお願い申し上げます。

お問合せ先：reader@kindaikagaku.co.jp

Printed in Japan
POD開始日　2020年3月31日
発　　　行　株式会社近代科学社
印刷・製本　京葉流通倉庫株式会社

・本書の複製権・翻訳権・譲渡権は株式会社近代科学社が保有します。
・JCOPY ＜（社）出版者著作権管理機構 委託出版物＞
本書の無断複写は著作権法上での例外を除き禁じられています。
複写される場合は、そのつど事前に（社）出版者著作権管理機構
（https://www.jcopy.or.jp, e-mail: info@jcopy.or.jp）の許諾を得てください。